纺织服装高等教育"十二五"部委级规划教材

女装成衣工艺

侯东昱 仇满亮 任红霞 编著

东华大学出版社

内容提要

本书为服装专业的系列教材之一,系统阐述了女西装上衣制作的整个流程及其制作技巧,有很强的理论性、系统性和实用性。本书将理论知识与工业生产实践操作相结合,注重基本原理的讲解,分析透彻、简明易懂、规范标准,符合现代工业生产与实践教学需要。

本书图文并茂、通俗易懂,制作采用 CorelDraw 软件,绘图清晰,标注准确,适合作为高等院校服装专业的教材。

图书在版编目(CIP)数据

女装成衣工艺/侯东昱,仇满亮,任红霞编著.--上海:
东华大学出版社,2012.12
ISBN 978-7-5669-0193-4

Ⅰ.①女… Ⅱ.①侯…②仇…③任… Ⅲ.①女服-服装缝制-高等学校-教材 Ⅳ.①TS941.717

中国版本图书馆 CIP 数据核字(2012)第 292576 号

责任编辑:马文娟
封面设计:李 博

出　　　版:东华大学出版社(上海市延安西路 1882 号,200051)
本社网址:http://www.dhupress.net
淘宝书店:http://dhupress.taobao.com
营销中心:021-62193056　62373056　62379558
印　　　刷:苏州望电印刷有限公司
开　　　本:889mm×1194mm　1/16　印张 8.5
字　　　数:251 千字
版　　　次:2013 年 1 月第 1 版
印　　　次:2019 年 1 月第 2 次印刷
定　　　价:29.80 元

前　　言

　　《女装成衣工艺》根据中国高等院校服装专业的授课特点量身定制。编者凭借大量实践积累和多年授课经验,兼顾工业化生产和个性化制作的需求,科学地阐明了女西服上衣制作工艺技术和成衣检验的主要内容,操作性极强。

　　作为纺织服装高等教育"十二五"规划教材之一的《女装成衣工艺》,凝集了服装生产和服装教育诸多专家学者长期积累的经验,博采众长,集思广益,采用科学的体系结构,简明地讲述了女装成衣生产工艺的整个流程,系统地阐述了服装工业生产的生产准备、样板制作、裁剪工艺、缝制工艺与原理、熨烫定型工艺和后期整理等内容。本书结合大量实例图片介绍整个成衣制作流程,内容丰富,重点突出,让初学者一目了然,同时,又注重系统性和科学性,重视学生实际能力的培养。

　　在本教材编写过程中,得到际华三五零二职业装有限公司的鼎力支持和帮助,在此深表感谢。际华三五零二职业装有限公司是一家大型服装、衬布联合生产企业,是中国军队最大的军需品研发生产企业,长期承担着中国人民解放军和武警部队军服的工艺研制及生产任务。它是中国最大的职业装研发生产企业,拥有美国格柏 CAD 排版系统、CAM 电脑服装剪裁系统、德国杜克普西服吊挂生产线、美国麦埠立体整烫等世界一流设备,吸取国内外先进的工艺设计、制作理念和技术,结合中国人的体型特征,经过长期试验、试制、调整板型和工艺,制作了大量的样衣,公司通过统计、分析积累了全国各地上百万个人体数据,制定了一整套完整科学的服装号型体系,形成了完善的服装设计、工艺、号型标准设置的先进生产制作流程。

　　本教材由侯东昱教授、仇满亮副院长、任红霞老师主编,共同负责整体的组织、编写和校对。参编者还包括:王丽霞副院长指导服装整体设计;刘壮洪院长指导工艺技术设计;贾丽丽主管指导制作流程技术材料编写与校对;张春霞工程师、陈莉高工指导服装板型设计;周宏伟负责样衣制作。

　　作者在本书的编写过程中参阅了部分国内外文献资料,在此向文献编著者表示由衷的谢意。

　　书中难免有不妥之处,恳请专家同行和广大师生给予指正。

编　者

目　　录

第一章　绪　论

学习目标

　　1. 掌握女西服上衣部位线名称；

　　2. 了解《女西服、大衣》号型标准的主要内容；

　　3. 掌握女西服上衣各部位测量方法。

能力目标

　　1. 能对女性人体的各个部位进行准确测量；

　　2. 能根据女性体型特点和人体测量数据进行服装规格的设计。

第一节　女西服套装概述

一、基本概念

（一）西服套装

　　西装指西式上装或西式套装，上下由同一面料构成。从它诞生至今已有 200 多年历史，且始终在不断地流行和完善。在 20 世纪 20～30 年代形成了现代西服套装的原型，成为日常生活中正统装束。由于套装提供了广泛的搭配和各种形式组合的可能，从正式到非正式场合几乎都能使用，因此它从欧洲影响到国际社会，成为国际上人们公共场合指导性的服装，即所谓的"国际服"。

（二）女西服套装产生的背景

　　18 世纪末到 19 世纪中期，工业革命在英、法、美各国完成，各国政治、经济以及社会思想发生重大变革。在这种情况下，欧洲男装由富丽奢华变得轻便简约，外衣的长度缩短，敞露背心，下着长裤，逐渐形成了外衣、背心和裤子三件固定搭配的套装，现代形式的套装也由此诞生。随之，在 19 世纪 80 年代一些先进妇女要求走向社会、参加工作，获得与男性平等的地位，至 90 年代，在服装方面也出现了反对过分装饰，要求简洁实用的呼声。20 世纪初，少数妇女仿效男士着装，将男装独有的西服套装运用到女装设计中来，上穿合身西服上装，下着传统的蓬裙。受战争的影响，走在前线的妇女，开始身着和男子相似的军装，下穿筒裙。由于从军的女子和军工厂中的女工们既没有时间，更没有精力去更换时髦时装，她们希望服装的设计变得更为简朴，同时，由于军装日益受到重视，越来越多的妇女不再穿着裙子而改穿西装长裤，女士西装长裤的普及和流行成为此时的一大潮流。

　　西服上装由女性穿着后也变得更加修长、精致、合身，并配以膝盖以上的后开衩一步裙，成为职业女装的典范款式。时过境迁，在现代社会西服已成为女性普遍穿着的服装，更是女性追逐事业过程中的必备服饰。

二、基本款式

（一）女西服上衣常见款式

一般来讲，女套装可分为西装套装和时装套装两种。西服套装通常为职业女性在办公室穿着，能体现女性的干练和睿智但比较严肃呆板；相对而言，时装套装款式变化丰富，流行周期短，可充分体现女性的秀丽、柔美。职业女性套装，样式基本与男士西装类似，但与之相比，女士套装能体现职业女性刚健又不失娇媚的形象，深得职业女性的青睐。

西装的两件套和三件套构成了传统西装的基本形式，而两粒扣和三粒扣又为其结构的基本样式，通过这些基本要素的组合搭配，形成了现有市面上变化多样的西装款式。所谓各种形式的组合搭配，是指这些基本因素和其局部进行重新组合，并和各种附属物件进行搭配。常用的区分方法主要有两种，一种是按照件数划分，另一种是按照上衣的纽扣数量来划分。

1. 按件数划分

西装分为单件和套装。依照惯例，单件西装是一件和裤子不配套的西装上衣，仅适用于非正式场合穿着。在正式的商务交往中所穿的西装，必须是西装套装。

西装套装分为两件套和三件套，两件套西装套装包括一件上衣和一件西裤，三件套西装套装包括一件上衣、一件西裤和一件马甲。按照传统观点，三件套西装较两件套西装更为正式，多作为高层人员参加对外活动时的首选服装。

2. 按西装上衣的纽扣数量划分

通常来讲，西装上衣按照纽扣数量来讲主要包括单排扣和双排扣西装。

单排扣是比较传统的西装上衣类型，最常见的有一粒纽扣、两粒纽扣和三粒纽扣三种，如图1-1-1。一粒纽扣和三粒纽扣的单排扣西装上衣穿起来比较时尚，而两粒纽扣的单排扣西装上衣就显得更为正统一些。

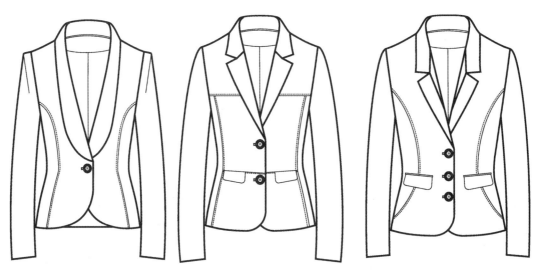

图1-1-1 单排扣西装上衣

双排扣的西装上衣较单排扣西装上衣更为时尚，最常见的有两粒、四粒、六粒纽扣三种，如图1-1-2所示。两粒纽扣和六粒纽扣的双排扣西装上衣属于更为休闲、时尚，而四粒纽扣的双排扣西装上衣则更为传统。

3. 按结构线划分

西装上衣结构线的简单变化，衣领、衣袖的丝毫改动，都会影响服装的整体效果，同时，衣身的变化与各种不同部位的合理组合，也会对服装的款式与分类产生影响。

图 1-1-2 双排扣西装上衣

套装,上衣与下装分开来的衣着形式,根据公主线分割变化可分为三开身、四开身、六开身,当然根据服装细节的变化,可能产生更多分类,在此,主要采用四开身(八片)女西服进行讲解(图 1-1-3)。

图 1-1-3 四开身女西装上衣

(二) 女西服上衣部位线条名称

在服装结构的纸样制图中,每一个部位的结构线和辅助线与相对应的人体部位都会有一个相对应的名称。"部位"这一概念可以理解为是服装的细部造型,例如上衣结构制图中的前后中心线、领窝弧线、肩线、袖窿弧线、侧缝线、下摆线、胸围线、腰围线,袖子结构制图中的肘线、袖山线、袖口线,裤子结构制图中的上裆线、下裆线、脚口线以及各种胸省、腰省等等。

1. 部位术语

① 领口。前、后衣身与领身缝合的部位。

② 门襟和里襟。门襟在开扣眼一侧的衣身上;里襟在钉扣一侧的衣身上,与门襟相对应。

③ 门襟止口。指门襟的边沿。其形式有连止口与加贴边两种形式。一般加贴边的门襟止口较坚挺,牢度也好。止口上可以缉明线,也可以不缉。

④ 搭门。是指门襟、里襟需重叠的部位。不同款式的服装其叠门量不同,范围自 1.7~8 cm 不等。一般是服装衣料越厚重,使用的纽扣越大,则叠门尺寸越大。

⑤ 扣眼。是指纽扣的眼孔。扣眼排列形状一般有纵向排列与横向排列,纵向排列时扣眼正处于叠门线上,横向排列时扣眼要在止口线一侧并超越叠门线 0.3 cm 左右。

⑥ 驳头。是指门襟、里襟上部随衣领一起向外翻折的部位,分为平驳头(与上领片的夹角成三角形缺口的方角驳头)和戗驳头(驳角向上形成尖角的驳头)。

⑦ 驳口。是指驳头里侧与衣领的翻折部位的总称,是衡量驳领制作质量的重要部位。驳口线也叫翻折线。

⑧ 串口。是指领面与驳头面的缝合处。一般串口与领里和驳头的缝合线不在同一位置,串口线较斜。

⑨ 侧缝(摆缝)。是指缝合前、后衣身的缝子。

⑩ 下翻折点。是指驳领下面在止口上的翻折位置,通常与第一粒纽扣位置对齐。

⑪ 单排扣。是指里襟上下方向钉一排纽扣。

⑫ 双排扣。是指门襟与里襟上下方向各钉一排纽扣。

⑬ 翻门襟。也叫明门襟贴边,指外翻的门襟贴边。

⑭ 分割缝。是指为符合体型和造型需要,将衣身、袖身、裙身、裤身等部位进行分割形成的缝子。一般按方向和形状命名,如刀背缝;也有历史形成的专用名称,如公主缝。

2. 部件名称

① 衣身。合于人体躯干部位的服装部件,是服装的主要部件。

② 衣领。合于人体颈部,起保护和装饰作用的部件。包括衣领和衣领相关的衣身部位,狭义单指衣领。

③ 衣袖。合于人体手臂的服装部件。一般指衣袖,有时也包括与衣袖相连的部分衣身。

④ 口袋。盛装物品的部件。

3. 部位术语名称示意图

女套装上衣款式繁多,但各部位名称基本一致,此处,以四开身翻驳领女西装为例进行分析,如图 1-1-4 所示。

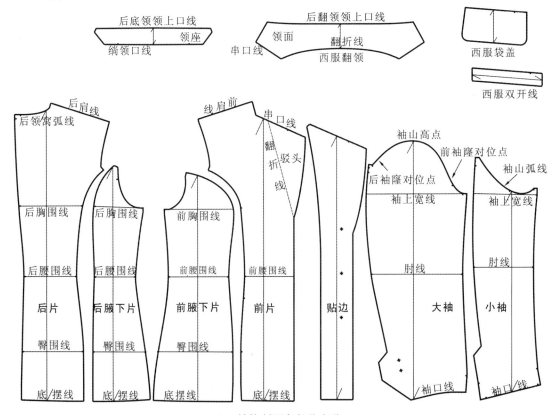

(a)结构制图各部位名称

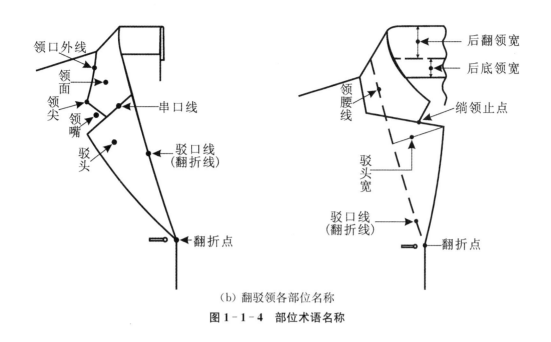

（b）翻驳领各部位名称

图 1-1-4 部位术语名称

第二节 女装规格

一、我国女装服装号型标准

（一）我国服装号型标准的制定

GB1335—1981 服装号型标准是依据 1974～1975 年全国人体体型测量的数据结果,找出全国人体体型的规律后由国家标准总局颁布,从 1982 年 1 月 1 日起在全国正式实施。

服装标准应该顺应市场经济的发展,由生产型标准向贸易型标准转化,并且平衡各方利益相关的需要,因此,根据国际标准(ISO)并借鉴有关国家标准,国家技术监督局对原有服装标准作了修改,GB 1335—1991 于 1986 年开始研究修订方案,1989 年形成征求意见稿,1991 年发布,1992 年 4 月 1 日正式实施。

为进一步适应市场需求以及消费者需要的变化,利于服装产品质量监督及消费者选购适体服装等,国家对 1991 年标准进行修改,于 1997 年 11 月 13 日颁布 GB 1335—1997 服装号型标准,从 1998 年 6 月 1 日在全国实施。

之后,国家服装号型再次更新,由国家质量监督检验检疫总局、国家标准化管理委员会审批,GB 1335.1—2008《服装号型 男子》与 GB 1335.2—2008《服装号型 女子》两项标准已于 2009 年 8 月 1 日实施,这一次国家服装号型的修改,更利于消费群体、销售群体以及国际间技术的交流。

针对女西服、大衣的要求、检测方法、检验分类规则,以及标致、包装、运输和贮藏等,经国家质量监督检验检疫总局、国家标准化管理委员会审批,于 2009 年 3 月 19 日发布新的、更为完善的国家标准 GB/T2665—2009《女西服、大衣》,代替广泛使用的 GB/T2665—2001,并于 2010 年 1 月 1 日正式实施。

（二）我国服装号型标准的主要内容

1. 服装号型基本原理

（1）号型的定义

号:指人体的身高,以厘米为单位表示,是设计和选购服装长短的依据。

型：指人体的上体胸围和下体腰围，以厘米为单位表示，是设计和选购服装肥瘦的依据。

（2）体型分类

通常以人体的胸围和腰围的差数为依据来划分人体体型，并将体型分为四类，分类代号分别为 Y、A、B、C，见表 1-2-1。

　　Y：宽肩细腰，胸围大，属扁圆形体态

　　A：正常，属扁圆形体态

　　B：偏胖，腰围粗，属圆柱形体态

　　C：胖，腰围很粗，属圆柱形体态

表 1-2-1　体型分类代号及数值　　　　　　　单位：cm

体型分类代号	女：胸围-腰围
Y	19～24
A	14～18
B	9～13
C	4～8

（3）号型标志

① 上下装分别标明号型。

② 号型表示方法。号与型之间用斜线分开，后接体型分类代号。例如：上装 160/84A，其中，160 代表号，84 代表型，A 代表体型分类；下装 160/68A，其中，160 代表号，68 代表型，A 代表体型分类。

2. 号型系列

号型系列是把人体的号和型进行有规则的分档排列，是以各体型的中间体为中心，向两边依次递增或递减组成。成年女子标准号为 145～180 cm，身高以 5 cm、胸围以 4 cm 分档组成上装的 5·4 号型系列，见表 1-2-2。身高以 5 cm，腰围以 4 cm、2 cm 分档组成下装的 5·4 和 5·2 号型系列。

表 1-2-2　女装上衣尺码详细对照表　　　　　　　单位：cm

尺码	S：155/80A	M：160/84A	L：165/88A	XL：170/92A
身高范围	153～157	158～162	163～167	168～172
胸围范围	78～82	82～86	86～90	90～94

设置中间体，根据大量实测的人体数据，通过计算，求出均值，即为中间体。它反映了我国成年女子各类体型的身高、胸围、腰围等部位的平均水平。中间体设置表见表 1-2-3。

表 1-2-3　中间体设置表　　　　　　　单位：cm

女子体型	Y	A	B	C
身高	160	160	160	160
胸围	84	84	88	88
腰围	64	68	78	82

(三)《女西服、大衣》号型标准的主要内容

1. 范围

GB/T2665—2009《女西服、大衣》中规定了女西服、大衣的要求、检测方法、检验分类规则,以及标志、包装、运输和贮藏等,适用于以毛、毛混纺及交织品、仿毛等机织物为主要面料生产的女西服、大衣等毛呢类服装。

2. 要求

(1)原材料

① 面料

按国家有关纺织面料标准选用符合标准质量要求的面料。

② 里料

采用与面料性能、色泽相适宜的里料,特殊设计除外。

③ 辅料

衬布:采用与面料性能、色泽相适宜的衬布。

垫肩:采用棉或化纤等材料。

缝线:采用适合所用面辅料、里料质量的缝线。钉扣线应与面料色泽相适宜;钉商标线与商标底色相适宜(装饰线除外)。

纽扣、附件:采用适合所用面料的纽扣(装饰扣除外)及附件。纽扣及附件应光滑、耐用,经洗涤和熨烫后不出现变形、变色、生锈、掉漆等现象。

(2)经纬纱向

① 前身。纬纱偏斜不大于 0.5 cm,条格料不允许斜。

② 后身。经纱以腰节下背中线为准,西服偏斜不大于 0.5 cm,大衣倾斜不大于 1 cm;条格料不允许斜。

③ 袖子。经纱以前袖缝为准,大袖片偏斜不大于 1 cm,小袖片偏斜不大于 1.5 cm(特殊工艺除外)。

④ 领面。纬纱偏斜不大于 0.5 cm,条格料不允许斜。

⑤ 袋盖。与大身纱向一致,斜料左右对称。

⑥ 贴边。以驳头止口处经纱为准,不允许斜。

(3)对条对格

① 面料有明显条、格在 1 cm 以上的按表 1-2-4 规定。

表 1-2-4 对条、对格要求

部 位	对条对格规定
左右前身	条料对条,格料对横,互差不大于 0.3 cm。
手巾袋与前身	条料对条,格料对格,互差不大于 0.2 cm。
大袋与前身	条料对条,格料对格,互差不大于 0.3 cm。
袖与前身	袖肘线以上与前身格料对横,两袖互差不大于 0.5 cm。
袖缝	袖肘线以上,后袖缝格料对横,互差不大于 0.3 cm。
背缝	以上部位准,条料对称,格料对横,互差不大于 0.2 cm。
背缝与后领面	条料对条,互差不大于 0.2 cm。
领子、驳头	条格料左右对称,互差不大于 0.2 cm。
摆缝	袖窿以下 10 cm 处,格料对横,互差不大于 0.3 cm。
袖子	条格顺直,以袖山为准,两袖互差不大于 0.5 cm。
注:特别设计不受此限制。	

② 面料有明显条、格在0.5 cm以上的,手巾袋与前身条料对条,格料对格,互差不大于0.1 cm。

③ 倒顺毛、阴阳格原料,全身顺向一致。

（4）缝制

① 针距密度按表1-2-5要求,特殊设计除外。

表1-2-5 针距要求

项　目		针距密度	备　注
明暗线		11针～13针/3 cm	—
包缝线		不少于9针/3 cm	—
手工针		不少于7针/3 cm	肩缝、袖窿、领子不低于9针/3 cm
手拱止口/机拱止口		不少于5针/3 cm	—
三角针		不少于5针/3 cm	以单面计算
锁眼	细线	12针～14针/1 cm	—
	粗线	不少于9针/1 cm	
钉扣	细线	每孔不少于8根针	缠脚线高度与止口厚度相适宜
	粗线	每孔不少于4根针	

注：细线指20tex及以下缝纫线;粗线指20tex及以上缝纫线。

② 各部位缝制线路顺直、整齐、牢固。

③ 缝份宽度不小于0.8 cm(开袋、领止口、门襟止口缝份等除外)。起落针处应有回针。

④ 上下线松紧适宜,无跳线、断线、脱线、连根线头。底线不得外露。

⑤ 领子平服,领面松紧适宜。

⑥ 绱袖圆顺,前后基本一致。

⑦ 绲条、压条要平服,宽窄一致。

⑧ 袋布的垫料要折边或包缝。

⑨ 袋口两端应打结,可采用套结机或平缝机回针。

⑩ 袖窿、袖缝、底边、袖口、贴边里口、大衣摆缝等部位叠针牢固。

⑪ 锁眼定位准确,大小适宜,扣与眼对位,整齐牢固。纽脚高低适宜,线结不外露。

⑫ 商标、号型标志、成分标志、洗涤标志位置端正、清晰准确。

⑬ 各部位明线和链式线迹不允许跳针,明线不允许接线,其他缝纫线迹30 cm内不得有两处单跳或连续跳针,不得脱线。

（5）外观

表1-2-6 外观质量

部位名称	外观质量规定
领子	领面平服,领窝圆顺,左右领尖不翘。
驳头	串口、驳口顺直,左右驳头宽窄,领嘴大小对称,领翘适宜。
止口	顺直平挺,门襟不短于里襟,不搅不豁,两止口角大小一致。
前身	胸部挺括、对称,面衬、里衬服帖,省道顺直。

(续表)

部位名称	外观质量规定
袋、袋盖	左右袋高、低、前、后对称,袋盖与袋口宽相适宜,袋盖与大身的条纹一致。
后背	平服。
肩	肩部平服,表面没有褶,肩缝顺直,左右对称。
袖	绱袖圆顺,吃势均匀,两袖前后、长短一致。

外观瑕疵:

表 1-2-7 成品各部位瑕疵点允许存在程度范围

疵点名称	各部位允许存在程度		
	1 号部位	2 号部位	3 号部位
纱疵	不允许	轻微,总长度 1 cm 或总面积 0.3 cm² 以下;明显不允许。	轻微,总长度 1.5 cm 或总面积 0.5 cm² 以下;明显不允许。
毛粒	1 个	3 个	5 个
条印、折痕	不允许	轻微,总长度 1.5 cm 或总面积 1 cm² 以下;明显不允许。	轻微,总长度 2 cm 或总面积 1.5 cm² 以下;明显不允许。
斑疵(油污、锈斑、色斑、水渍)	不允许	轻微,总面积不大于 0.3 cm²;明显不允许。	轻微,总面积不大于 0.5 cm²;明显不允许。
破洞、磨损、蛛网	不允许	不允许	不允许

注:1. 各部位只允许一处存在不同程度疵点。
2. 轻微疵点指直观上不明显,通过仔细辨识才可看到的疵点;明显疵点指直观上较明显,影响总体效果的疵点。
3. 优等品前领面及驳头不允许出现疵点。

存在部位(图 1-2-1):

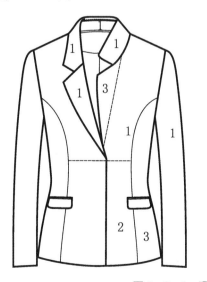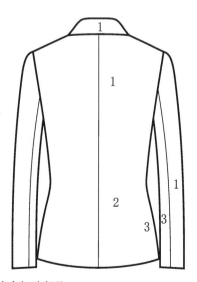

图 1-2-1 瑕疵点标注部位

3. 成品规格测定

(1)测定主要部位及方法

成品测定的主要部位和方法,见表1-2-8:

表1-2-8 成品测定部位及方法

部位名称		测量方法
衣长		由前身左襟肩缝最高点垂直量至底边,或由后领中垂直量至底边。
胸围		扣上纽扣,前后身摊平,沿袖窿底缝水平横量。
领大		领子摊平横量,搭门除外。开门领不考核。
总肩宽		由肩袖缝的交叉点横量。
袖长	装袖	由袖山最高点量至袖口边中间。
	连肩袖	由后领中沿袖山最高点量至袖口中间。
注:特殊需要的按企业规定。		

(2)质量缺陷判定依据及规则

① 成品质量缺陷判断依据,见表1-2-9:

表1-2-9 质量缺陷判断依据

项目	序号	轻缺陷	重缺陷	严重缺陷
使用说明	1	商标、耐久性标签不端正,明显歪斜;钉商标线与商标底色的色泽不适应;使用说明内容不规范。	使用说明内容不正确。	使用说明内容缺陷。
辅料	2	缝纫线色泽、色调与面料不相适应;钉扣线与扣色泽、色调不适应。	里料、缝纫线的性能与面料不适应。	—
锁眼	3	锁眼间距互差大于0.4 cm;偏斜大于0.2 cm,纱线绽出。	跳线、开线、毛露、露开眼。	—
钉扣及附件	4	扣与眼位互差不大于0.2 cm(包括附件等);钉扣不牢。	扣与眼位互差不大于0.5 cm(包括附件等)。	纽扣等附近脱落、金属件锈蚀。
经纬纱向	5	纬斜超本标准规定50%以内。	纬斜超本标准规定50%以上。	—
对条对格	6	对条、对格超本标准规定50%以内。	对条、对格超本标准规定50%以上。	面料倒顺毛,全身顺向不一致。
拼接	7	—	拼接不符合。	—
色差	8	表面部位色差不符合本标准规定的半级以内;衬布影响色差低于4级。	表面部位色差不符合本标准规定的半级以上;衬布影响色差低于3~4级。	—
外观疵点	9	2号部位、3号部位超本标准规定。	1号部位超本标准规定。	破损等严重影响使用和美观。
针距	10	低于本标准规定2针以内(含2针)。	低于本标准规定2针以上。	—
规格允许偏差	11	规格超过本标准规定50%以内。	规格超过本标准规定50%以上。	规格超过本标准规定100%以上。

项目	序号	轻缺陷	重缺陷	严重缺陷
	12	—	—	
	13	领子、驳头面、衬、里松紧不适宜;表面不平整。	领子、驳头面、衬、里松紧明显不适宜、不平整。	—
	14	领口、驳口、串口不顺直;领子、驳头止口反吐。	—	—
	15	领尖、领嘴、驳头左右不一致,尖圆对比互差大于 0.3 cm;领豁口左右明显不一致。	—	—
	16	领窝不平顺、起皱;绱领(领肩缝对比)偏斜大于 0.5 cm。	领窝严重不平顺、起皱;绱领(领肩缝对比)偏斜大于 0.7 cm。	—
	17	领翘不适宜;领外口松紧不适宜;底领外露。	领翘严重不适宜;底领外露大于 0.2 cm。	—
	18	肩缝不顺直;不平服;后省位左右不一致。	肩缝严重不顺直;不平服;	—
	19	两肩宽窄不一致,互差大于 0.5 cm。	两肩宽窄不一致,互差大于 0.8 cm。	—
	20	胸部不挺括,左右不一致;腰部不平服。	胸部严重不挺括;腰部严重不平服。	—
外观及缝制质量	21	袋位高低互差大于 0.3 cm;前后互差大于0.5 cm。	袋位高低互差大于 0.8 cm;前后互差大于 1.0 cm。	—
	22	袋盖长短、宽窄互差大于 0.3 cm;口袋不平顺、不顺直;嵌线不顺直、宽窄不一致;袋角不整齐。	袋盖小于袋口(贴袋)0.5 cm(一侧)或小于嵌线;袋布垫料毛边无包缝。	—
	23	门襟、里襟不顺直,不平服;止口反吐。	止口明显反吐。	—
	24	门襟长于里襟,西服大于 0.5 cm,大衣大于0.8 cm;里襟长于门襟;门里襟明显搅豁。	—	—
	25	眼位距离偏差大于 0.4 cm;眼与扣位互差0.4 cm;扣眼歪斜,眼大小互差大于 0.2 cm。	—	—
	26	底边明显宽窄不一致;不圆顺;里子底边宽窄明显不一致。	里子短,面明显不平服;里子长,明显外露。	—
	27	绱袖不圆顺,吃势不适宜;两袖前后不一致大于 1.5 cm;袖子起吊,不顺。	绱袖不圆顺,吃势不适宜;两袖前后不一致大于 1.5 cm;袖子起吊,不顺。	—
	28	袖长左右对比互差大于 0.7 cm;两袖口对比互差大于 0.5 cm。	袖长左右对比互差大于 1.0 cm;两袖口对比互差大于 0.5 cm。	—
	29	衣片缝合明显松紧不平,不顺直;连续跳针(30 cm内出现两个单跳针按连续跳针计算)。	表面部位有毛、脱、露;缝份小于 0.8 cm;链式缝迹线跳针有 1 处。	表面部位有毛、脱、露严重影响使用和美观。
	30	有叠线部位露叠 2 处及以下;衣里有毛、脱、露。	有叠线部位露叠超过 2 处。	—
	31	明线宽窄、弯曲。	明线接线。	—

（续表）

项目	序号	轻缺陷	重缺陷	严重缺陷
	32	滚条不平服、宽窄不一致；腰节以下活里没包缝。	—	—
	33	轻度污渍；熨烫不平服；有明显水花、亮光；表面有大于 1.5 cm 的连续线头 3 根及以上。	有明显污渍、污渍大于 2 cm²；水花大于 4 cm²。	有严重污渍、污渍大于 30 cm²；烫黄等严重影响使用和美观。

注：1. 以上各缺陷按序号逐项累计计算。
　　2. 丢工为重缺陷，缺件为严重缺陷。
　　3. 理化性能一项不合格即为该抽验批次不合格。

注：
　　拼接：西服、大衣耳朵皮允许两接一拼，其他部位不允许拼接。

② 质量缺陷判定规则：
优等品：严重缺陷数＝0　　重缺陷数＝0　　轻缺陷数≤4
一等品：严重缺陷数＝0　　重缺陷数＝0　　轻缺陷数≤6 或
　　　　严重缺陷数＝0　　重缺陷数 0　　轻缺陷数≤3
合格品：严重缺陷数＝0　　重缺陷数＝0　　轻缺陷数≤8 或
　　　　严重缺陷数＝0　　重缺陷数≤1　　轻缺陷数≤6

二、女装服装号型的应用

服装号型是成衣规格设计的基础，根据《服装号型》标准规定的控制部位数值，加上不同的放松量来设计服装规格。一般来讲，我国内销服装的成品规格都应以号型系列的数据作为规格设计的依据，都必须按照服装号型系列所规定的有关要求和控制部位数值进行设计。

（一）《服装号型》标准规定的服装成品规格的档差数值

《服装号型》标准详细规定了不同身高、不同胸围及腰围人体各测量部位的分档数值，这实际上就是规定了服装成品规格的档差值。

以中间体为标准，当身高增减 5 cm，净胸围增减 4 cm，净腰围增减 4 cm 或 2 cm 时，服装主要成品规格的档差值见表 1-2-10。

表 1-2-10　女子服装主要成品规格档差值　　　　　单位：cm

规格名称	身高	后衣长	袖长	裤长	胸围	领围	总肩宽	腰围		臀围	
档差值	5	2	1.5	3	4	0.8	1	5·4	4	Y、A	B、C
								5·2	2	3.6、1.8	3.2、1.6

（二）《服装号型》国家标准的应用步骤

1. 确定产品的适用范围，包括性别、身高、胸围、腰围的区间及体型。

2. 确立中间体。

3. 找出标准中关于各类体型中间体测量部位的数据。

4. 根据折算公式将上述数据转换成中间体服装成品规格。

5. 以中间体的规格为基准，按档差值有规律性地增减数据，推出区间内各档号型的服装成品规格。

6. 技术部门按各档规格数据制作生产用样板，并考虑批量、流水生产因素，适当在成品规格基础上增加一些余量，如对于质地比较紧密的面料，可在衣长、裤裙长规格上再增加 0.5 cm，袖长规格上增加 0.3 cm 等。

7. 销售部门根据产品销往地区的设想按标准所列出的体型分布情况,确定各档规格的投产数,落实生产与销售。

8. 质检部门依据服装号型的上述生成原则及标准规定,检验产品规格设置及使用标志是否一致,是否准确。

第三节　女西服上衣测量

一、测量工具

人体测量主要是用测量和观察的方法来描述人类的体质特征状况,是服装生产过程中最先进行的工作之一。测量所使用工具主要有软尺、尺寸记录单、笔等。

1. 人体测高仪(图 1－3－1)

主要由一杆刻度以毫米为单位,垂直安装的尺及一把可活动的尺臂(游标)组成,是测量身高的主要工具。

2. 软卷尺(图 1－3－2)

刻度以毫米为单位。

3. 尺寸记录单

详细记录所需资料的单据,是工业化生产中的必要文件,简单、明了,易于查看。

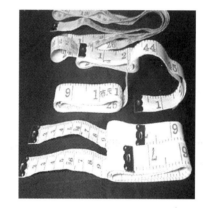

图 1－3－1　测高仪　　　　　　　　　　　图 1－3－2　软卷尺

测体时应注意,被测者应注意穿着质地软而薄的贴身内衣并在赤足的情况下进行,在测量妇女胸部时,被测者应穿戴完全合体的无衬垫的胸罩,其质地要薄并无金属或其他支撑物。使用人体测高仪可测量除尚不能直立的小孩外所有其他人的身高尺寸。使用软卷尺测量的尺寸,要适度地拉紧软卷尺(但应保证人体未受软尺的压迫)并将每个尺寸进位到厘米。

量体的顺序一般是先横后竖,自上而下。测量时养成按顺序进行的习惯,这是有效避免一时疏忽而产生遗漏现象的好方法,同时,还要及时清楚地做好记录。

二、测量部位及名称

人体测量项目是由测量目的决定,测量目的不同,所需要测量的项目也有所不同。根据制作女套装上衣需要,主要对如下部位进行测量:

1. 身高——净身高,人体立姿时,头顶点至地面的距离。

2. 背长——从后颈点往下至后腰中心点的长度。

3. 上体长——人体坐姿时,颈椎点至椅面的距离。

4. 手臂长（袖长）——从肩端点往下量至手腕关节的长度（这是基本袖长的长度，如原型袖长）。

5. 胸围——在胸高点的位置用软卷尺水平围成一周测量。

6. 腰围——绕着腰部最细的位置水平围量一周。

7. 手掌围——先把拇指与手掌并拢，再经过手掌最宽厚处用皮尺围成一周测量。

8. 肩宽——用皮尺从左肩端点经后颈中心量至右肩端点的宽度。

9. 胸宽——前胸左右腋点之间的测量宽度。

10. 背宽——背部左右腋点之间的测量宽度。

三、各部位测量方法

（一）长度测量

1. 身高

人体立姿时，头顶点至地面的距离。它是设定服装号型规格的依据。

2. 背长

从后颈点往下至后腰中心点的长度。沿后中线从后颈点（第七颈椎）至腰线间随背形测量。从后颈点到腰带中间的长度，要适合于肩胛骨的外突，有一定的松量。在这里，要进行背部观察，如脖颈根部周围的肌肉发育状态和是否驼背等。该尺寸的测量十分重要，在成衣设计中决定腰节线的位置。实际应用中，有时将测量值再减掉0～4 cm，以改善服装上下身的比例关系，使总体造型显得修长。一般规格表中的背长稍小也是根据这个作的调整，如图1-3-3所示。

图1-3-3　背长

3. 衣长

通常衣长应过于臀部，正面看衣长应该位于双手"虎口"与"大拇指顶端"之间，衣长约占颈部以下身体的二分之一长，特殊体型者除外（如上半身短、手长等），如图1-3-4所示。

4. 手臂长（袖长）

从肩端点往下量至腕关节的长度，这是基本袖长，如原型袖长，如图1-3-5所示。标准西服套装的袖长通常是在基本袖长的基础上加上2～3 cm，这是加放的垫肩量；普通西服套装袖长的位置习惯采用虎口上1.5～2 cm的位置。

图1-3-4　基本衣长　　　　　　　　　　图1-3-5　基本袖长

（二）围度测量

1. 胸围

在自然呼吸的情况之下（注：不要刻意吸气和挺胸），以胸高点为测点，用软尺水平测量一周，即为胸围尺寸。通过乳峰点的位置使皮围成水平状。后背因为有突出的肩胛骨，要注意防止尺子下落。胸围尺寸是成衣设计（除弹性面料）胸部尺寸的最小值，需要重点说明的是胸围的测量需要看外着装的状态（是合体服装还是休闲服装），根据外着装对胸罩的要求，佩戴好不同厚度、形状的胸罩，如图1-3-6所示。

2. 腰围

在腰部最细处用皮尺水平围成一周测量。通常标准身高（160 cm左右）的人可以以腰部最凹处、肘关节与腰部重合点为测点，用软卷尺水平测量一周，测量时要求被测量者自然站立，不得故意收腰。腰围尺寸是西服制作的重要尺寸依据，更是影响女西服上衣是否合体的重要因素，如图1-3-7。针对体型偏胖或有明显肚腩者，应测量腰部最丰满的位置水平一周。

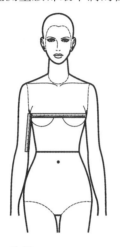

图1-3-6　胸围

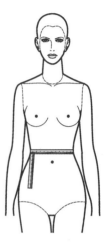

图1-3-7　腰围

3. 臀围

以大转子点为测点，在臀部最丰满处用皮尺水平围成一周测量。臀围尺寸是成衣设计（除弹性面料）臀部尺寸的最小值。臀围尺寸的测量不仅是制作下装的重要依据，也是制作合体型套装上衣、连衣裙等不可缺少的参考依据，如图1-3-8所示。

4. 手掌围

先把拇指与手掌并拢，用软尺绕掌部最丰满处水平测量一周。控制袖口、袋口尺寸，掌围尺寸是无开合袖口设计、成衣袖口设计尺寸的最小值，是成衣设计的袋口宽设计的尺寸依据，如图1-3-9所示。

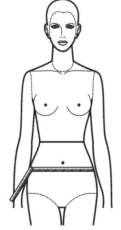

图1-3-8　臀围

图1-3-9　手掌围

（三）宽度测量

1. 全肩宽

用软卷尺从左肩端点经后颈中心量（第七颈椎）至右肩端点的宽度，如图 1-3-10 所示。从侧面看，大约在上臂宽的中央位置，比肩峰点稍微靠前。从前面看，在肩峰点稍靠外侧的位置。这个点是作为绱袖的基准点——袖山点的位置，也是决定肩宽和袖长的基点。全肩宽的尺寸是制作上衣时一个非常重要的参考依据，而在服装原型的制图中，肩宽尺寸并没有涉及。

2. 水平肩宽

用皮尺自肩峰点的一端量至肩峰点另一端的宽度。水平肩宽往往是成衣制图中肩宽的主要参考尺寸依据，如图 1-3-11 所示。

图 1-3-10　全肩宽

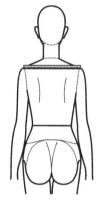

图 1-3-11　水平肩宽

思考题

1. 简述女西服号型标准的主要内容。
2. 测量不同体型女性人体，掌握女西装上衣的量体方法。

第二章　服装生产准备

学习目标

1. 了解制作女西服上衣的各种面料、辅料特性；
2. 掌握服装材料的配用原则。

能力目标

1. 能识别各种服装面料、辅料并简单了解其特性；
2. 能根据女西服上衣的具体款式正确选择面料、辅料。

第一节　西装材料的选择

现代社会生活节奏越来越快，新知识、新技术、新材料层出不穷，使人应接不暇。人们对服装的要求，不再仅仅局限于新颖得体的款式、美观大方的色彩，而是更讲究服装面料的材质性能、服装面料与人体穿着的舒适程度以及面料与服装的匹配等，服装材料的选择正确与否也已成为塑造服装整体的关键。

服装材料不仅是决定服装优劣效果的关键元素之一，更是生产服装的基本条件，它主要包括面料、里料、辅料三大类。对于西服套装来讲，其选料则更为严谨，以下主要以女西服套装上衣的面料选择为例进行分析。

一、服装面料

西装的常用面料主要以毛型织物、棉型织物、部分丝织物以及化纤和其他混纺织物为主，不同面料种类直接制约服装的制作以及成衣效果。在此，针对不同材质面料的造型特点以及适用服装风格进行如下介绍：

（一）毛织物

各种以羊毛或特种动物毛为原料以及羊毛与其他纤维混纺或交织的织物，统称为毛织物，又称呢绒。其中主要以羊毛织物为主，从广义角度讲，毛织物也包括纯化纤仿毛型织物。毛织物的具体服用特点主要包括以下几个方面：

1. 毛织物的光泽柔和、自然，手感柔软，比棉、麻、丝等其他天然纤维织物更有弹性，抗皱性能也更佳，熨烫后有较好的褶皱成型性和保型性，吸湿及透气性较好，穿着舒适，是公认的中高档面料。

2. 由于毛纤维天然卷曲、蓬松、导热性小，所以毛织物具有较好的保暖性能。

3. 毛织物易于上色，不易褪色。

4. 毛织物易于虫蛀，不易保存。

5. 毛织物的耐光性能较差，不易曝晒，自然环境中的紫外线会对羊毛造成损伤。

一般来讲,毛织物按照商业习惯划分主要分为精纺毛织物和粗纺毛织物两类。精纺毛织物所用原材料纤维较为细长,织物表面纹理清晰、光洁。粗纺毛织物是由毛纱织制而成,纤维在纱线中的排列不够整齐,结构稀松,织物表面多有绒毛,其具体的分类及特点如下:

1. 精纺毛织物

又称精纺呢绒,用精梳毛纱制成,所用原料纤维较长而细,梳理平直,在纱线中排列整齐,纱线结构紧密,进一步除去了短纤维和杂质。精纺毛织物大多织纹清晰,色彩鲜明柔和,质地紧密,手感柔软、挺括而富有弹性。

(1)纯羊毛精纺织物

100%羊毛,大多质地较薄,呢面光滑,纹路清晰,光泽自然柔和,手感柔软而弹性丰富。紧握呢料后松开,基本无皱折,即使有轻微折痕也可在短时间内消失,属于西服面料中的上等面料,通常用于制作春夏季西服,如图2-1-1所示。纯毛织物的面料缺点为容易起球,不耐磨损,易虫蛀,发霉。

(2)华达呢

华达呢又名扎别丁,是由精梳毛纱织制,纱支细,呢面整齐光洁,手感滑润,厚重而有弹性,纹路挺直饱满,是有一定防水性的紧密斜纹毛织物,但易产生极光,属于精纺高档服装面料,如图2-1-2所示。强调紧密、滑挺、结实耐穿的华达呢,一般用于制作男西服套装;而侧重柔软滑顺、悬垂适体、结构也略松的华达呢,则适用于做女外衣、制服、女裙。华达呢的颜色主要以素色为主,如藏青、咖啡、灰、米色等,随着人们审美眼光的转变,色彩也逐渐丰富,融入多种流行色调。按织物组织分类,华达呢又可分为三种:

图2-1-1 纯羊毛精纺面料　　　　　　　图2-1-2 华达呢

① 单面华达呢。正面斜纹向右倾斜,反面没有明显斜纹。质地顺滑柔软,悬垂适体,是上好的女装面料。

② 双面华达呢。正反两面纹路均向右倾斜,但正面纹路更为清晰。质地较厚,廓型好,适用于制作礼服、西装、套装。

③ 缎背华达呢。正面为右倾斜纹,反面为缎纹面,是华达呢中最厚重的品种,挺括保暖,适合做上衣和大衣面料。

由于华达呢在穿着过程中,经常摩擦的部位易产生极光,所以在熨烫时,也应避免直接熨烫织物正面,避免极光的出现。

(3)哔叽

用精梳毛纱织制的一种素色斜纹毛织物,斜纹角度右斜约45°。呢面光洁平整,纹路清晰,质地较厚而软,紧密适中,悬垂性好,以藏青色和黑色为多,属于中高档精纺服装面料之一。织物表面光泽且柔和,有弹性,纱支条干均匀悬垂性较好,如图 2 - 1 - 3 所示。根据所采用面料和规格的不同,哔叽又可以分为哔叽、中厚哔叽、薄哔叽几类。与华达呢相比,纹路更为平坦,手感软,弹性好,但不及华达呢厚实、坚牢,用途同华达呢相似,适合制作西服、套装。

（4）啥味呢

又称春秋呢,是一种轻微绒面的精纺毛织物,也是精纺毛纱织制的中厚型混色斜纹毛织物。啥味呢外观与哔叽相似,不同之处在于,哔叽以匹染为主,少量条染,而啥味呢是混色夹花织物,大多受过缩绒处理,呢面有均匀短小的绒毛覆盖。颜色以灰色、咖色等混色为主,也有米色、咖啡、灰绿、蓝灰色。主要分毛

图 2 - 1 - 3　哔叽

面、光面、混纺啥味呢三种,底纹隐约可见,手感不板不糙,糯而不烂,有身骨,如图 2 - 1 - 4 所示。光面啥味呢面无茸毛,纹路清晰,光洁平整无极光,手感滑而挺括;混纺啥味呢,挺括抗皱,易洗免烫,有较好服装保形性。啥味呢光泽自然柔和,呢面平整,表面有短细毛绒,毛感柔软,适于制作春秋西装、套装、西裤、裙子等。

（5）凡立丁

又称薄花呢,是由精纺毛纱织制成的轻薄型平纹毛织物。面料织纹清晰,光洁平整,手感顺滑挺括,活络有弹性,色泽多为匹染素色,鲜明匀净,少数为条格花型,以中浅色为主,如浅米色、浅灰色,少有深色,如图 2 - 1 - 5 所示。凡立丁的透气性较好,适合制作春秋或夏季的男女上衣、西裤、衣裙等。

图 2 - 1 - 4　啥味呢

图 2 - 1 - 5　凡立丁

（6）女衣呢

俗称女式呢、迭花呢等,是精纺呢绒中较为松软轻薄型的女装面料,也是近年来众多服装设计师所常用的面料。织物组织结构有平纹组织、斜纹组织,也有混纺组织、变化组织和提花组织,如图 2 - 1 - 6 所示。表面既有光洁、平整的,也有各种各样的绒面面料,有些品种在织造过程中还加入金银丝、彩丝等作为镶嵌装饰用料,女衣呢是众多精纺呢绒中花色变化最多的一种。由于其花色变化丰富、色泽鲜亮,织物较为为柔软,纹路清晰、光泽好,有弹性,主要适用于制作春秋各式女装、童装等,常见种类有以下两种：

① 皱纹女衣呢：呢面呈现细微皱纹,是由绉组织和平纹组织配以强捻纱得到。面料悬垂适体,不易皱折,大多匹染,适合做套裙、裙子等。

② 提花女衣呢：提花女衣呢可分大、小提花两种,小提花女衣呢织纹清晰,质感柔软,以匹染居多;大提花女衣呢的图案更为生动、丰富,是众多高档时装用料的选择。

（a）花式女衣呢

（b）编织女衣呢

图 2 - 1 - 6　女衣呢

图 2 - 1 - 7　贡呢

（7）贡呢

又称礼服呢,属中厚型缎纹毛织物。所用纱线细,织物密度大,织物纹路清晰,手感厚重、柔软,表面平滑,光泽明亮,富于弹性,穿着贴身舒适,适于制作西装、大衣、礼服及鞋帽等,如图 2 - 1 - 7 所示。贡呢面料多采用全毛、毛涤、毛黏等,多为匹染素色,且以深色为主。其缺点主要为由于浮线较长,耐磨性不佳,易起毛擦伤。

（8）凉爽呢

凉爽呢为涤毛混纺薄花呢的商业名称,因其凉爽的特色得其名,又称"毛的确良（凉）"具有爽、滑、挺、防皱、防缩、易洗快干等特点,逐步取代全毛或丝毛薄花呢,适于制作男女套装、裤料等,不宜做冬季服装。

（9）花呢

花呢是精纺呢绒织物的主要品种,是花式毛织物的统称,也是花色变化最多的精纺呢绒,更是制作女士时装的重要面料之一。花呢多采用优质羊毛织制,也可用人造毛、腈纶、涤纶、麻等。呢面光洁平整,色泽匀称,弹性好,花型清晰,变化繁多,适于制作男女各种外套、西服上装,如图 2 - 1 - 8 所示。

花呢种类繁多,按重量可分为薄花呢（300 克以下/米）和中厚花呢（300～400 克/米）;按原料可分为纯毛、毛混纺、纯化纤三类;按花型可分为素花呢（图 2 - 1 - 8(a)）、条花呢、格花呢（图 2 - 1 - 8(b)）、隐条隐格花呢（图 2 - 1 - 8(c)）、海力蒙花呢;按呢面风格可分为纹面花呢、绒面花呢、轻绒面花呢。

（a）素花呢

（b）格花呢

（c）隐条隐格花呢

图 2 - 1 - 8　花呢

2. 粗纺毛织物

又称粗纺呢绒、粗梳呢绒，多采用粗梳毛纱制，纱线中纤维排列不齐，结构疏松，毛羽较多。多数产品需经过缩呢和起毛等工艺处理，因此，织物表面绒毛覆盖，质地较厚，不露底纹或半露底纹，手感挺括，保暖性好，适于制作各类秋冬外套和大衣，可以细分为以下几类：

（1）麦尔登

因产生于英国的麦尔登而得名，是一种品质较高的粗纺毛织物。织物紧密，表面细洁平整，面料富有弹性，底纹之上覆有绒毛，不露底纹，保暖、耐磨性较好，挺括不皱，同时具有抗水防风性。麦尔登多以匹染素色为主，有青色、黑色以及红色、绿色等，适宜制作各种冬季套装、上装、长短大衣、帽料等，如图 2-1-9 所示。

图 2-1-9　麦尔登

（2）海军呢

海军呢为海军制服呢的简称，又称细制服呢，是粗纺制服呢中品种最好的一种，因多用于制作海军制服而得名。其外观等与麦尔登呢相似，织物底部覆盖绒毛，细节平整，质地紧密，弹性较好，手摸不板不糙，基本不露底，耐磨，不易起球，光泽自然，如图 2-1-10 所示。

图 2-1-10　海军呢

海军呢多为藏青色，也有军绿色、米色、驼色、灰色等。除多用于制作海军制服外，也可以制作普通制服、春秋外套等。

（3）制服呢

又称粗制服呢，属于粗纺呢绒中的大众化产品，包括全毛、毛黏、毛黏锦、腈纺黏制服呢，在粗纺呢绒中占有重要地位，但品质较低。呢面表面较为粗糙，色泽较弱，手感不够柔和，耐磨但易露底，原料及品质不及海军呢，价格也相对较为低廉。制服呢主要以藏青、黑色为主，适于制作秋冬制服、外套、夹克衫以及各类劳保服装。

（4）法兰绒

法兰绒最早源于英国，国内一般是指混色粗梳毛纱织制的具有夹花风格的粗纺毛织物，属于中高档混色粗纺毛织物。织物的呢面绒毛细洁，混色均匀，一般不露或稍露底纹，且手感柔软有弹性，保暖性好，穿着舒适。面料色泽素雅大方，以素色为主，如浅灰、中灰、深灰以及条纹、格子型等（图 2-1-11），适用于制作春、秋、冬季各式男女西装、大衣、西裤等，较为轻薄型的法兰绒还可以制作衬衫、裙子等。

图 2-1-11　法兰绒

（5）粗花呢

又称粗纺花呢，是粗纺呢绒中最具有特色的花色品种。原料以中低档羊毛为主，混入少量精纺短毛或黏胶纤维，部分产品采用棉纱、化纤长丝、涤纶、腈纶短纤维。粗花呢的花色品种新颖，光泽较好，手感柔软，保暖及弹性较好，穿着美观舒适。

粗花呢按外观特点可分为纹样、呢面、绒面三种风格。粗花呢适用于制作春、秋、冬季上装、裙子等，特别是中低档的产品，物美价廉，受到很多消费者的青睐。火姆司本和海力斯是粗花呢的两种传统产品，织物特征也较为典型。火姆司本，又称钢花呢，织物表面除一般花纹外，还均匀分布着红、黄、蓝、绿等彩点，似钢花四溅，如图2-1-12(b)所示。火姆司本多采用平纹或山形斜纹，结构粗松，质地较好，制作男女西装的效果更是别具一格。

 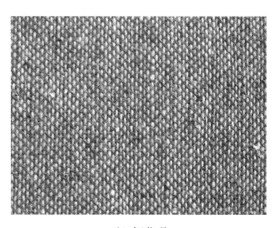

（a）粗花呢 （b）钢花呢

图2-1-12 粗花呢

（二）棉织物

棉织物俗称棉布，是由棉纤维为原料织制而成的机织物的总称。棉织物的手感好、穿着舒适、柔软暖和，经济实惠，深受大众喜爱。棉织物的服用性能主要包括以下几方面：

1. 棉织物吸湿性强、透气性甚佳、耐洗、带静电少，具有良好的穿着舒适性，但容易起皱、易缩水，外观上不够挺括美观，穿着时必须时常熨烫。

2. 棉织物光泽柔和，富有自然美感。

3. 棉织物不耐酸，遇酸极不稳定，可使纤维溶解，形成孔洞。

4. 受日晒及大气环境的影响，棉织物可被缓慢氧化，织物强度下降，长时间处于100℃温度下会造成一定损坏，在120℃～150℃高温条件下会被碳化，因此，在熨烫及染色时应调控好温度，以免对面料造成损伤。

5. 棉织物不易虫蛀，但易霉变，因此，在存放、使用及保管过程中应防湿、防霉。

图2-1-13 牛津布

随着社会的发展，人们对环境问题逐渐重视，崇尚自然、环保成为众人的目标。无论是在巴黎、米兰、纽约等国际时装发布会，还是在国内外的时装卖场，以高档棉织物为主的纯棉时装已经成为时尚新元素。制作女西装上衣的棉织物面料选择，主要包括以下几类：

1. 牛津布

又称牛津纺，因曾用于牛津大学的校服制作而得名，属于传统精梳棉织物，原为色织牛津布，现多是由色纱和漂白纱织制的经纬纱，属于特色棉织物。织物表面有明显的颗粒效应，手感柔软、光泽自然，具有良好的透气性，穿着舒适,而且平挺保型性好,适用于制作夏季女套装、衬衫、女套裙及休闲服装等,如图2-1-13所示。

2. 斜纹布

斜纹布主要有粗斜纹布和细斜纹布两种,属于中厚型斜纹组织。面料质地稍厚、手感柔软,正面纹路清晰,反面较为模糊,如图2-1-14所示。斜纹布布身紧密厚实,有本色、漂白、染色及各种印花品种,种类丰富,适于制作男女便装、制服、工作服、学生装等。

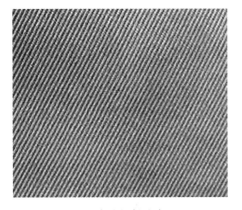

（a）涤纶细斜纹布　　　　　　　　　　　　　（b）粗斜纹布

图 2-1-14　斜纹布

3. 卡其

卡其原为斜纹组织棉织物,最初是因用一种名叫"卡其"的矿物燃料染成泥土的保护色作为军用而得此名,也是棉型织物中紧密度最大的一种斜纹织物,按照纱线结构划分,卡其可分为纱卡其(图2-1-15(a))、半线卡其、全线精梳卡其(图2-1-15(b))。

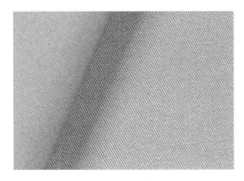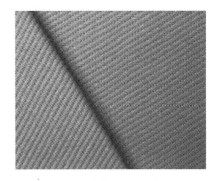

（a）纱卡其　　　　　　　　　　　　　　　（b）全线精梳卡其

图 2-1-15　卡其

纱卡其又称单面卡其,采用三上一下的斜纹组织,面料正面有斜向纹路,反面则无。布身紧密厚实,强力大,不易起毛,但面料手感较硬,不够柔软,且耐磨性较差。此外,染色时,不易着色,洗涤后也会有磨白、泛白的现象。

线卡其又称双面卡其,采用二上二下加强斜纹组织,正反两面都为斜向纹路,正面纹路比反面更为清晰,两面纹路方向相反。此外,纱卡其还有半线、全线卡其;精梳、半精梳和普梳。根据使用原料划分,又包含纯棉、涤棉和棉维卡其等。

卡其主要为色布,所用原料主要有纯棉、棉涤等,适用于制作制服、外套以及风衣、雨衣等,而极细纱卡则适于制作衬衫。

4. 灯芯绒

又称棉条绒,最早于法国里昂出现,作为高贵织绸的代用品,在上层人士的服饰中大为流行。织物多采用复杂组织中的起毛组织,表面呈耸立绒毛,排列成纵条状,外观圆润,似灯芯草,如图2-1-16(a)所示。

灯芯绒可织成粗细不同的条绒,其绒面较紧密而平坦,绒条丰硕饱满,手感柔软、纹路清晰饱满,保暖、耐磨性好,外形美观,主要用作外衣面料,从休闲夹克到精工西装,从风格狂放的猎装到细腻的儿童服装,都适用此面料。灯芯绒服装切忌洗涤时用热水烫、用力搓,以免脱绒;也不宜洗涤后熨烫,以免倒绒。

根据灯芯绒表面绒毛外观的不同,可分为条绒和花式灯芯绒。条绒又可根据每英寸的绒条数目的不同,分为特细条、细条、中条、粗条、宽条、特宽条和间隔条。其中,中条灯芯绒最为常见,其条纹适中,适于制作各式男女服装;宽条纹的灯芯绒常用于制作夹克衫、短大衣等;而细条和特细条灯芯绒,由于质地较为柔软,多用于制作衬衫、儿童服装等。花式灯芯绒是运用提花的方法,使织物表面呈现几何花纹,或将绒条偏割形成高低毛或部分绒条不割绒的类芯绒等,如图2-1-16(b)所示。随着技术的发展,灯芯绒的形式也日益变化,市面上的印花灯芯绒、人字斜灯芯绒(图2-1-16(c))、泡泡灯芯绒等也备受消费者青睐。

(a) 细条灯芯绒和粗条灯芯绒　　　　(b) 提花灯芯绒　　　　　(c) 人字斜灯芯绒

图2-1-16　灯芯绒

(三) 麻织物

麻织物主要是以大麻、亚麻、苎麻、黄麻、剑麻、蕉麻等各种麻类植物纤维制成的一种布料,一般被用来制作休闲装、工作装,目前多以其制作普通的夏装。麻织物的主要服用性能有以下几点:

1. 麻织物的吸湿性、导热、透气性甚佳,在夏季穿着舒适,利于排汗。

2. 天然纤维中的麻强度极高,湿润状态下会比干燥状态下更强,其中苎麻布强度最高,亚麻布、黄麻布次之。

3. 麻织物的外观较为粗糙,手感较棉布更硬,易起皱,不易打理。

4. 麻纤维具有抗菌性能,所以麻织物具有较好的耐腐蚀性,不易霉变、虫蛀,易于保管。

5. 麻织物的染色性能良好。原色麻胚布不易漂白,色牢度较差,相对而言,机织麻布在染色前易于处理,其色泽及色牢度有所改善。

6. 麻织物的耐碱性较好,但在热酸条件下易膨胀、溶解。

由于麻织物有干爽、利汗、舒适以及富有朴素、自然等特征,其价格又介于棉与丝绸之间,易于接受,颇受各阶层消费者的青睐。

1. 纯麻织物

纯麻的西装一般休闲味浓,很少出现在正式场合中,主要有以下的特点:薄、透气、凉爽、上身易皱、垂感差,如图2-1-17所示。用于制作西装的麻料与用于制作衬衫、T恤的麻有一定的区别,西装所用麻料一般会更厚实和柔软一些,而衬衫、T恤等纯夏季穿着的衣服会选用更轻更薄的麻,两者在手感上有明显的不同,穿着后也会有完全不同的感受。

虽然纯天然100％麻给人的感觉会比较硬,但是经过特殊工艺处理以后,并不会让人在穿着时有不舒服的感觉,只是并不是每一个人都是很习惯。随着社会的发展,时尚观念的转变,经过加工处理过的麻织物已被渐渐搬上时尚舞台,出现在各大服装品牌的发布会中,被制作成各种高档服装。

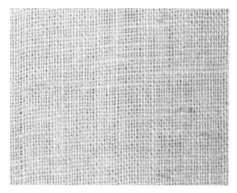

图2-1-17　纯亚麻平布

2. 麻棉混纺织物

若麻加上棉,就会提升整个衣服的柔软性,麻棉混纺粗织物的风格较为粗犷,面料干爽挺括,平挺厚实,适于制作夏季的外衣、工装等,如图2-1-18。虽然麻棉混纺织物比纯麻料的透气凉爽性差一点,但是还是基本保持了这些特点,穿着较舒适。

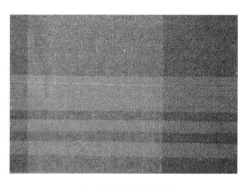

（a）棉麻色织斜纹格　　　　　　　　　　（b）亚麻棉混纺布

图2-1-18　麻棉混纺织物

3. 麻丝混纺织物

麻丝混纺织物所制作的西装有类似丝和羊毛混纺后的感觉,更有光泽度,线条会更明显,也具备了丝和麻两者凉爽的特点,这种面料的西装在功能性和外在观感等方面都能取得很好的效果,如图2-1-19所示。

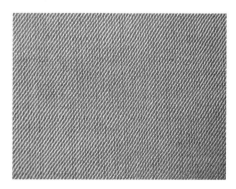

（a）桑蚕丝大麻混纺布　　　　　　　　　　（b）绢丝亚麻色织斜纹布

图2-1-19　麻丝混纺织物

4. 其他麻交织物

随着各项技术的不断发展,国际市场上的麻织物种类也变化万千,现在市面出现的毛、麻与其他材料的混纺织物也处处可见,并深受消费者喜爱。这些麻交织物的外观风格新颖、别致,穿着舒适,具有多种服用功能,而且织制品呈现高档风格,均适用于秋冬男女套装、时装等外衣制作,如图2-1-20所示。

（a）毛涤麻条子精纺面料 　　　　　　　　（b）毛丝麻混纺布

图 2-1-20　麻丝混纺织物

（四）丝织物

我国是世界上最早饲养家蚕和缫丝织绸的国家,丝绸在我国有悠久的历史,在服饰上、经济上、艺术上及文化上均散发着灿烂光芒,对于后世产生了深远的影响。时至今日,被称为三大名锦的古代四川蜀锦、苏州宋锦、南京云锦仍是丝织品中的优秀代表,并出现在全世界各国各地,深受众人喜爱。丝织物的服用特征主要有以下几个方面:

1. 丝织物的主要原料为桑蚕丝和柞蚕丝,富有光泽,手感滑爽,穿着舒适,高雅华贵,常被用于制作高级礼服。尤其是桑蚕丝洁白而又细腻,易于着色,手感更佳,常被用于制作高档西服及礼服。

2. 丝织物的抗皱性及耐光性较差,故不易在日光下曝晒,同时在熨烫时,更不易直接熨烫,温度可控制在 150～180℃之间,避免出现极光。

3. 丝织物不具备自然免烫性,洗涤后需熨烫整理恢复平整效果。

4. 缩水率较大,在 5%～12% 左右,有些品种甚至更高,所以需预缩或做相关整理。

5. 丝织物对无机酸较稳定,但浓度过大时会造成水解,并对碱反应敏感,影响质地和光泽,故洗涤时应选用中性的丝毛洗涤剂。

6. 丝织物会发生虫蛀,收放时注意防蛀。

7. 真丝面料柔软,富有弹性,揉之有丝鸣声;人造丝手感较为粗糙,有湿冷的感觉。若单以触感辨别真假丝织面料时,真丝面料经手握紧再放松后,皱纹少而不明显,而人造丝织品的皱纹较多,不易复原。

丝织物按其商业经营习惯可以分为蚕丝织物类、柞蚕丝织物类、绢纺丝织物类、人造丝织物类、合纤丝织物类、交织丝织品等,按照采用原料、加工工艺等划分又可以分为纺、凌、缎、绉、绸、绢、绡、绨、罗、纱、葛、锦、呢、绒十大类。在此,主要针对适于制作女西装上衣的面料着重进行分析。

1. 呢

呢类丝织物是以绉组织、平纹组织、浮点较小的斜纹组织或其他混合组织作底,并采用较粗的经纬丝织制而成,织物布面无光泽,质地丰满。特别是丝毛呢质地厚实而富有弹性,有较强的毛型感,很适合制作西服和套装。

2. 绸

绸多采用桑蚕丝、黏胶人造丝、合纤长丝纯织或交织而成(图 2-1-21),根据生产工艺的不同可以分为生织和熟织,而据织物表面的密度和厚度又有轻薄型绸类和厚重型绸类。其中,中厚型绸类,因面料丰满厚实,表面层次感强,是制作高级服装的佳选,如西装、礼服室内装饰用品等。

（a）真丝色织特宫绸　　　　　　　　　（b）丝毛黏斜纹绸

图 2‐1‐21　绸

3. 纺

又称纺绸,主要是指用桑蚕丝、绢丝、人造丝、锦纶丝等织制出的平纹织物,织物质地轻薄,布面平整细腻。表面平整、质地轻薄的花或素丝织物,适宜于制作西装、衬衫、裙子、裤子及服装里料等。

（五）混纺织物

混纺织物是指构成织物的原料采用两种或两种以上不同种类的纤维,经混纺而成的纱线所制成,有涤黏、涤腈、涤棉等化学纤维与其他棉、毛、丝、麻等到天然纤维混合纺纱织成的纺织产品。混纺织物的优点就是通过两种或两种以上不同种类纤维的有机结合,取长补短,优势共存,满足人们对衣着的不同要求。

1. 毛涤混纺织物

毛涤混纺织物是由羊毛和涤纶混纺纱线制成的织物,是当前混纺毛料织物中最普遍的一种。毛涤混纺集合毛和涤纶的优点是面料回复性好、褶皱持久、尺寸稳定、易洗快干、坚牢耐用、不易虫蛀,但手感不及全毛柔滑。价格比一般面料高但比全毛要低,适合做中高档西服,如图 2‐1‐22。

图 2‐1‐22　毛涤混纺织物

2. T/R 面料

T/R 面料是涤黏混纺织物,属于一种互补性强的混纺织物。它不仅有棉型、毛型,还有中长型。毛型织物俗称"快巴",当涤纶不低于 50% 时,这种混纺织物能保持涤纶的坚牢、抗皱、尺寸稳定,具有可洗可穿性强的特点。黏胶纤维的混入,改善了织物的透气性,提高了抗熔孔性,降低了织物的起毛起球性和抗静电现象。这类混纺织物的特点使得织物平整光洁、色彩鲜艳、毛型感强,手感弹性好,吸湿性好,但免烫性较差。总之,由于此类织物价格适中,能够很好地体现西装的优点,因而也是最常用、最受欢迎的西装面料之一,如图 2‐1‐23 所示。

图 2 - 1 - 23 T/R 面料

3. T/R/W 面料

是一种新型的混纺面料,兼顾了涤、黏、毛的优点,正越来越受欢迎。价格适中,适合做中高档西装,如图 2 - 1 - 24 所示。

图 2 - 1 - 24 T/R/W 面料

附:

材料的服用性能是我们判断和选择材料的基本依据,更是服装制作等后续工作的前提,因此,服装材料的识别是各项工作的重中之重。在影响材料服用性能的众多因素之中,纤维的耐热性、受日晒的影响程度以及织物是否具有免烫性也成为我们选择材料要考虑的重要问题,以下为部分织物各种性能比较结果。

1. 耐热性

耐热性指织物对热作用的承受能力,即高温作业下,织物强度、弹性遇热是否会发生改变,不发生改变的织物,耐热性则较好。通常情况下,纤维受高温影响,强度和弹性有所降低,甚至消失,因此,服装在制作熨烫及后期洗涤时,应采取适当温度,以免织物受到损伤,影响服装的整体效果,表 2 - 1 为各纤维的耐热性能。

表 2 - 1 各种纤维的耐热性   单位:℃

纤维名称	分解温度	软化温度	熔融
羊毛	135	—	—
麻	200	—	—
棉	150	—	—
蚕丝	150	—	—
涤纶	—	235~240	255~260
黏纤	150	—	—

2. 日晒对纤维强度的影响程度

织物在日光照射下,紫外线对纤维分子有较强的影响,发生裂解、氧化、变色、强度损失、耐热性降低等性能变化。织物在经受一定时间的日照后,强度损失越小,表明耐晒性越好,表2-2为部分纤维受日晒的影响情况:

表2-2　日晒对纤维强度的影响

纤维种类	日晒时间/h	强度损失/%	特　征
羊毛	1 120	50	强度略下降,泛黄
麻(亚麻、大麻)	1 100	50	强度略下降
棉	940	50	强度有些下降
蚕丝	200	50	强度明显下降,泛黄,发硬
涤纶	600	60	强度有所下降
黏胶	900	50	强度有些下降

3. 纤维性能与织物的免烫性

免烫性又称洗可穿性,是指织物在洗涤后,不经熨烫而保持原有的平整状态,且形态稳定的性能,免烫性可直接影响服装洗涤后外观的耐久性。通常来讲,纤维吸湿性小、抗皱性好、缩水率低的织物免烫性就好。天然纤维及人造纤维与涤纶、锦纶纤维混纺也有助于提高纤维的免烫性,织物稍加熨烫即可恢复平整挺括的外观,表2-3为部分纤维与织物的免烫性:

表2-3　纤维性能与织物的免烫性

纤维名称	吸湿性	干、湿弹性恢复率	免烫级别
羊毛	最强	高	中
麻	强	低	差
棉	强	低	差
蚕丝	强	中	中
涤纶	弱	高	最好
黏胶	最强	低	差

二、服装里料

里料是服装最里层用来覆盖服装里面的夹里布,是为补充面料本身不能获得服装的完备功能而加设的辅助材料。一般适用于中高档服装以及面料需加强的服装,可提高服装的档次并增加其附加价值。

(一)里料的种类及性能

里料的种类很多,其划分方法也很多,最简单也最常用的方法是按照使用面料的不同进行分类,在此,主要针对适于制作女西服上衣的常用里料进行如下分析:

1. 天然纤维里料

天然纤维里料主要是指以天然纤维为原料纯纺制成,常见的有真丝里料和纯棉里料。

纯棉里料:吸湿性、透气性好,穿着舒适,不易脱散、价格低廉,适用于休闲类服装、婴幼儿服装制作,不适合作为正式西装里料,但可用于休闲类休闲西装的里料制作。

真丝里料:光滑、质轻、美观而又透气,吸湿、透气性好,对皮肤无刺激,不易生静电,多为夏季薄料西装以及纯毛的高级服装、裘皮服装采用,由于凉爽感好,特别适用于较薄毛料服装,如图2-1-25所示。但是由于真丝里料轻薄、光滑,对其加工工艺有较高要求。

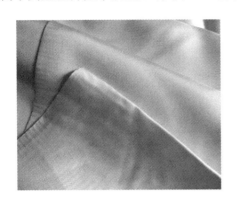

图2-1-25 真丝里料

2. 化学纤维里料

(1) 由涤纶及锦纶长丝织成的平纹素色涤纶绸、尼龙绸(图2-1-26(a))、色织条格塔夫绸、斜纹绸等是国内外广泛采用的里料,其弹性好、不易起皱、易洗快干、不缩水、不虫蛀、耐磨性好而且价格低廉是其受欢迎的主要原因。但由于其吸湿性较差、易起静电、舒适性不佳,故不适合做夏季服装里料。人造棉布(图2-1-26(b))、富纤布、人造丝软缎等也属于此类。

(2) 人造纤维里料

人丝软绸、美丽绸(图2-1-26(c))等长丝织物,光滑而富丽,易于定型,是中高档服装普遍采用的里料。但由于其所缩水率大,湿强低,所以制作时要充分考虑里料的预缩及裁剪余量。

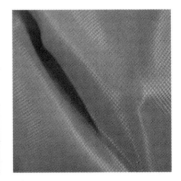

(a) 尼龙绸　　　　　　　(b) 人造棉布　　　　　　　(c) 美丽绸

图2-1-26 化学纤维里料

3. 混纺与交织里料

(1) 醋酯纤维与黏胶纤维混纺里料

与真丝相似,质轻、光滑,适用于各种服装,但是其裁口边缘易脱散。

(2) 羽纱

以黏胶或醋酯纤维为经纱,黏胶短纤维或棉纱为纬纱织成,质地较为厚实,耐磨性好,又有很好的手感,是西服、大衣及夹克衫所常用的里料。

（二）里料的作用

里料虽然属于服装的辅料部分，但对服装的整体质量、档次效果起着重要的作用。

1. 保护面料

人体所分泌的汗液中含有氯化钠、碳酸钙等盐类，有呈酸性的，也有呈碱性的，这些酸碱成分会对服装面料有腐蚀作用，对面料的使用寿命产生直接影响。合理的里料运用可以防止汗液浸入面料，减少人体或内衣与面料的摩擦，同时，也可减少汗液直接浸入到面料上，防止面料被汗液腐蚀。

2. 美观实用

服装的里料可以有效遮盖不需外露的里衬、缝边、毛边等，使服装整体更加简约，并获得较好的保形性，这对西装来说尤为重要，可以直接提高西服套装的整体档次。里料的应用更符合人体工程学，易于人体活动，同时对易伸长的面料来讲，可限制服装伸长而变形。

3. 塑形

里料可以使服装更具有挺括感，对定型性要求较高的西装来说更为如此。在夏季，可以通过使用轻薄柔软的里料达到坚实、平整的造型效果。同时，对于有较大镂空图案的面料来讲，里料不但可承起衬托作用，而且若巧妙运用利用出彩里料，更可以烘托服装的整体效果。

4. 保暖

里料可以加厚服装的整体厚度，对于春、秋、冬季服装更能起到防风、御寒保暖的效果。

（三）里料的选择

里料是服装的重要组成部分，按其原料划分主要包括绸里、绒里和皮里等。一般来讲，套装的常用里料为各种涤纶里料。当然，具体选择时，需根据服装面料的性能进行相应配置。

1. 里料色泽

所选用的套装里料要与面料色泽相近或浅于面料，若里料色彩过于鲜亮会喧宾夺主，影响服装整体效果。

2. 里料的收缩率

有些里料与面料一样存在收缩率的问题，因此应选择与面料收缩率相近的里料，适当估算并留有适当缝量。

3. 里料的吸湿与透气性

不同季节对服装里料的要求也有所不同，夏季主要选择吸湿与透气性较好的织物，而冬季则要考虑到气候干燥所产生的静电，以改善着装后的舒适性。

4. 里料价格

里料价格也是构成服装成本的重要内容之一，因此，在选择里料时，要在与服装面料相匹配的基础上，符合美观、经济、实用的原则。通常来讲，里料价格不会高于面料价格，但也不能过分追求成本，不考虑其质量，这样会对服装的档次定位构成影响。

三、服装用衬料与垫料

衬料与垫料是介于服装面料与里料之间，起着衬托外形、完善服装造型的作用，它可以是一层，也可为多层，又被称为衣衬，被视为服装造型的骨骼。

（一）衬料

服装衬料从最初的天然材料，再发展到后来的人工材料，逐渐形成以麻布和棉布为主的衬布，棉、麻衬布也可以说是我国的"第一代衬布"。伴随时代与科技的发展，各个时期所盛行的衬布种类各不相同可以将其发展历程概括如下，见表2-4。

表 2 - 4 衬布的发展历程

时间	名称	产生条件
20 世纪 30 年代	马尾衬	中山装的提出及西装引入的影响
20 世纪 40 年代	黑炭衬	由印度引入,在宁波地区形成小规模生产
20 世纪 50 年代	黑炭衬、赛珞璐衬	黑炭衬生产形成规模 为解决衬衫领硬挺问题,赛珞璐领衬产生 未经树脂整理的黑炭衬和赛珞璐衬被誉为我国"第二代衬布"
20 世纪 60 年代	机织树脂衬布	树脂整理工艺的影响
20 世纪 70 年代	经树脂整理的衬布	树脂整理工艺的影响 经树脂整理的衬布可以说是我国的"第三代衬布"
20 世纪 80 年代	黏合衬布	衬布工业的发展,黏合衬布被开发及应用 黏合衬布也被称为我国的"第四代衬布"

1. 衬料的种类及性能

(1) 棉衬

为平纹组织,有软棉衬、硬棉衬之分。软棉衬采用中、高线密度纱编织而成,不加浆处理,手感较软,硬棉衬则是经过浆料处理,质地较硬,如图 2-1-27(a)所示。棉衬适用于各类传统加工的服装,可满足服装各部位对衬的软硬和厚薄变化的要求。

(2) 麻衬

由麻平纹或麻混纺平纹制成,可分为纯麻布衬(图 2-1-27(b))和混纺麻布衬(图 2-1-27(c))。由于麻纤维刚度大,所以麻衬有较好的硬挺性和弹性,是西服、大衣以及一些高档服装的主要用衬。

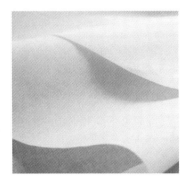

(a) 硬棉衬　　　　　　　(b) 纯麻布衬　　　　　　　(c) 混纺麻布衬

图 2 - 1 - 27　棉衬、麻衬

(3) 毛衬

主要是指黑炭衬和马尾衬。

① 黑炭衬是由牦牛毛、山羊毛、人毛等动物性纤维的纯纺纱或混纺纱为纬纱,配以棉或棉混纺纱为经纱的纱线编织而成。因布面中夹杂黑色毛纤维,故称黑炭衬,如图 2-1-28(a)所示。其特点是硬挺、纬向弹性好、经向悬垂性好,常用于大衣、西服、礼服、制服等服装的前身、胸部、肩、驳头等部位,使服装更为挺括有型。

② 马尾衬是由马尾鬃作纬,棉纱或棉混纺纱为经纱编织而成,又称马鬃衬,如图 2-1-28(b)所示。马尾衬的弹性很好,柔而挺又不易起皱,高温条件下易于造型,是高档服装用衬的上选。但由于马尾衬较硬,经向棉纺与纬向马尾的摩擦力较小,马尾很易戳出,因此,马尾衬不适合用于肘关节等扭曲较大的部位。

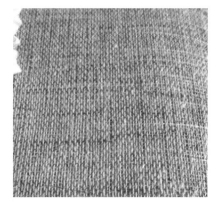

|（a）黑炭衬|（b）马尾衬|

图 2 - 1 - 28　黑炭衬、马尾衬

（4）树脂衬

属于传统衬布的一种，是由纯麻或混纺麻、纯棉或混纺棉等平纹布经过树脂浸轧后制成的衬料，如图 2 - 1 - 29(a)所示。树脂衬的硬挺度和弹性都很好，耐水洗，但其手感硬板，主要适用于领口、袖克夫、口袋等部位。

（5）牵条衬

又称嵌条衬，主要包括有机织黏合牵条与非织造黏合牵条，常用在服装的驳头、袖窿、止口、下摆衩、袖衩、门襟、领窝等处，起到加固作用，尤其可避免因成衣制作引起的面料脱散或变形，如图 2 - 1 - 29(b)所示。牵条的宽度有 0.5 cm、0.7 cm、1.0 cm、1.2 cm、1.5 cm、2.0 cm、3.0 cm 等不同规格，同时，牵条还有直牵条和斜牵条之分，并有 60°、45°、30°、12°等规格。直牵条用于反领线，稳定胸衬的位置，肩膀止口位及外套的驳位，可确保快速及牢固地黏合于各种布料上；斜纹牵条用于外衣边位及弧形边位，能使其容易的熨烫于微弯位置，其中央车缝线更能稳固边位，避免拉伸变形。

牵条衬在运用过程中应注意，牵条衬的经纬向与面料或底衬的经纬向要成一定角度其效果才最佳，不然无法起到加固保形的作用。

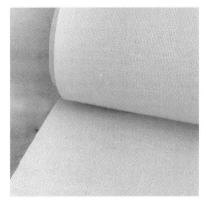

|（a）树脂衬|（b）牵条衬|

图 2 - 1 - 29　树脂衬、牵条衬

（6）黏合衬

又称热熔黏合衬，是将热熔胶涂于基布之上所制成。使用简单，易于操作，只需在一定的温度、压力和时间条件下，使黏合衬与面料（或里料）充分黏合，即可得到挺括、美观、富有弹性的定型效果。

黏合衬种类丰富，其划分方法也很多，按底纹布类别可以分为机织黏合衬、针织黏合衬和非织造布黏合衬。按热熔胶种类又可分为聚酰胺（PA）黏合衬、聚酯（PET 或 PES）黏合衬、乙烯—醋酸乙烯（EVA）黏合衬、聚乙烯（PE）黏合衬等。热熔胶的性能直接影响衬布性能，热熔胶的性能主要包括两个方面：一是热性能，即熔融的温度和黏度，这决定黏合衬的熨烫条件；二是黏合和耐洗性能，是否耐干洗和水洗，黏合强度如何，这决定黏合衬将适合于何种面料及服装工艺制作。

① 机织黏合衬。多以纯棉或涤棉的平纹机织布为底布，稳定性和抗皱性较好，价格偏高，多用于中高档服装的制作。

② 针织黏合衬。分为经编衬和纬编衬，有较好的弹性，多用于夏季套裙、衬衫的制作中，如图 2 - 1 - 30(a)。

③ 非织造布黏合衬。又称无纺衬，是由无纺布涂热熔胶制作而成，质量轻、不缩水、裁剪后不易脱散、保型性好、价格低廉，是黏合衬的主要底布，约占黏合衬总量的 60% 左右。但与机织黏合衬和针织黏合衬相比，此种黏合衬存在表面较为粗糙，光泽差，厚度和质量均匀度差，强度低、耐久性及悬垂性较差等缺点。

根据无纺衬的用途划分，可分为单面无纺衬(图 2 - 1 - 30(b))和双面无纺衬(图 2 - 1 - 30(c))，双面无纺衬可在面料与面料之间或面料与里料之间起到加固作用，也可用于包边和面料连接，双面黏合衬一般制成条状使用。

（a）针织衬　　　　　　（b）双面无纺衬　　　　　（c）单面无纺衬

图 2 - 1 - 30　黏合衬

黏合衬运用是否得当也会对服装质量造成影响，因此，在选择黏合衬时，需考虑服装用衬部位、服用性能、服装款式以及洗涤条件等因素，并使黏合衬与衬料相匹配，同时，需了解黏合衬的种类、热熔胶性能以及加工工艺等条件，以免造成困扰。

2. 衬料的选用

服装衬料的种类多种多样，其性能也千差万别，在选择时可从以下几方面考虑：

（1）与服装面料相匹配

在选择衬料时要一切服从于面料，要与服装面料的色彩、缩率、单位重量、厚度、色牢度、悬垂性等因素相协调。如法兰绒需选用较厚衬料，丝织物需选用较轻薄衬料，而涤纶面料需选用涤纶衬料。对于缩水率较大的衬料，需在裁剪前进行预缩，而对于色泽较浅、质地轻薄的面料，则需考虑衬料的色牢度，避免产生晕染或不透气等现象。

（2）符合服装造型需要

服装的造型、款式与衬料息息相关，可以说很多服装的造型必须依靠衬料来实现，衬料起着至关重要的作用。例如在西装的制作过程中，为实现外形的挺括与饱满，必须依靠不同衬料的弹性、厚度等性能得以实现，但应注意在衬料的裁剪过程中，需注意衬布的经纬纱向，以完美地诠释服装的造型需要。

（3）考虑服装用途

对于日常穿着的服装来说，水洗是制约选衬的重要因素，在选择时，需选择耐水洗衬料，而对于西装等需干洗的服装，则又要考虑其干洗条件。

（4）计算价格与成本

衬料价格将直接影响服装总成本，因此在选择衬料时，应在符合服装造型需要的基础上，选择价格较为低廉的衬布。但对于男女套装等高档服装来讲，衬料价格对其影响相对较小，可选择性价比较高的衬料。当然，若价值相对较高的衬料可以降低劳动强度、提高服装整体质量、节约劳动时间，则可以考虑选用。

（二）垫料

服装用垫料最早出现于西欧一些国家，20世纪70年代逐渐普及并迅速传播，20世纪80年代在我国服装中广泛出现。垫料在服装造型中起着修饰、补足的作用，对男女西服套装的定型尤为重要。

1. 垫料的种类

垫料的选择应根据服装的造型特点、服装风格、面料性质等各方面因素具体而定，尤其是套装中使用垫料的部位也较多，但主要集中在胸、领、肩这几大部位。

（1）胸垫

又称胸衬、胸绒，在服装造型中可使服装挺括、立体感强、造型美观，主要用于西服、大衣等服装的前胸夹里，可增强服装的弹性以及立体感，塑造挺括、丰满的服装造型，如图2-1-31所示。伴随纺织技术的发展，胸垫由最初较为低级的纺织品发展为之后的毛麻衬、黑炭衬以及现在的各种非织造布。随着非织造布的发展及针刺技术的出现和应用，非织造布胸垫运用越来越广泛。

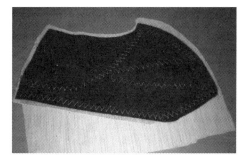

（a）挺胸衬　　　　　　　　　　　　（b）全胸衬

（c）各种胸垫

图2-1-31　胸垫

（2）领垫

又称领底呢，由毛和黏胶纤维针刺成呢，经特殊定型而成，代替面料或其他材料制作领里，是制作服装领里的专用材料，如图2-1-32所示。领垫的运用使衣领更为平展服帖，造型更为美观，不但便于整理定形，更助于洗涤且不走形。目前来讲，领底呢主要用于制作西装、大衣、军装及一些行业制服。

（3）肩垫

又称垫肩，起源于西欧，之后迅速发展传遍世界。目前，

图2-1-32　领底呢

垫肩种类繁多,就其材料分为棉及棉布垫、海绵及泡沫塑料垫、羊毛及化纤下脚针刺垫,针对西装、制服等服装来讲,所广泛采用的为针刺垫肩,即各种材料用针刺的方法复合成型而制成的垫肩,如图2-1-33所示。

肩垫的形状与厚度,主要由服装种类、使用目的以及流行趋势决定。肩垫的运用形式灵活,可以固定在服装的肩部,也可以灵活取下,根据穿着者个人喜好决定。

西装垫肩(正面)　　　　　　西装垫肩(反面)

图2-1-33　各种肩垫

2. 垫料的选用

衬垫的种类繁多,功能也各有不同,在选择时可从以下几方面考虑:

(1) 垫料应硬挺而富有弹性,有利于支撑面料,并起到塑形效果。

(2) 根据不同服装部位需求进行选择,服装不同部位对垫料的要求也不相同,因此选择时应针对不同部位需求具体选择。如胸衬宜选择挺括、略有立体造型的衬垫,而领口衬、袖口衬则宜选择柔软又有弹性的衬垫。

(3) 参照服装面料的质地、厚薄、颜色选择相应垫料。

(4) 考虑垫料的性能,如吸湿透气性、耐热性、缩水性、洗涤性、色牢度等,应与面料和里料相匹配。

(5) 垫肩的种类、外形等要符合服装需要,与穿着者的身材尺寸相配合。

四、女套装的固紧材料

对服装起着连接、紧固作用的材料,如服装上的纽扣、拉链、挂钩、绳带等都称为服装的固紧材料。固紧材料虽小且又为辅料,但它的功能和装饰作用却很很强,如果运用得当会提升服装的整体效果,反之,则会影响服装的整体。在此,主要针对制作女西装所需固紧材料——纽扣加以分析。

(一) 纽扣的种类及性能

纽扣的种类繁多,造型丰富,不但具有强大的实用功能,其装饰功能也越来越不容忽视。选用时,一般按其结构与材质的不同进行划分。

1. 结构划分

纽扣按其结构划分包括有眼纽扣、有脚纽扣、按扣、盘扣等多种,但在各类男女套装中所常用的多为各种材质的有眼纽扣。有眼纽扣,在纽扣的中央有两个或四个等距的线孔,以便缝纫线穿过扣眼钉在服装上,纽扣的大小、颜色、厚度、形状等变化无穷,适用于不同需要的各种服装,这也是传统男女套装最常选用的纽扣类型,如图2-1-34。

图2-1-34　有眼纽扣

2. 材质划分

纽扣的不同材质直接决定其最终特征,按不同纽扣的取材特点,合成材料、天然材料、金属材料等进行不同划分。

（1）合成材料纽扣

合成材料纽扣是目前市场上数量最大、品种最多、应用最为广泛的一类纽扣，此类纽扣的色泽鲜艳、造型丰富且物美价廉，成为受欢迎的重要原因。

各类尼龙、聚丙烯、聚苯乙烯、ABS 及不饱和树脂都是生产纽扣的重要材料，其中不饱和树脂是生产合成材料纽扣的佼佼者。脲醛树脂扣，又称尿素扣，是树脂扣的一种，也是目前最常见的中高档西服纽扣，如图 2-1-35 所示。脲醛树脂扣是尿素与氨水等碱性催化剂作用下与甲醛反应，缩聚成脲醛树脂后做成纽扣形状的。

（2）天然材料纽扣

随着人们审美观的不断转变，天然材料纽扣越来越受关注，频频出现在各类服装设计作品中，贝壳、宝石、石头、皮革以及各类坚果、木头都是制作天然材料纽扣的不错选择。

目前，各色各式的牛角扣早已成为各类西装中的常用纽扣，一般在各种男女西装中的选择圆形牛角扣，如图 2-1-36 所示。

图 2-1-35　脲醛树脂扣

图 2-1-36　牛角扣

（3）金属纽扣

金属纽扣多由黄铜、镍、钢、铝等材料制成，常用于各类制服及牛仔裤，极少在西服套装中出现。

（二）纽扣的运用

纽扣，小细节，观全局，小小的纽扣，不同方法的使用，直接影响服装的整体效果，尤其是对于西装来讲，小小的纽扣更是暗藏玄机。

（1）纽扣位置

对于常规男女西装来讲，第一粒纽扣位置一般至于领尖下 1 cm 左右处（领尖边缘与纽扣边缘），距止口线约 1.5 cm，各纽扣之间距离均等，如图 2-1-37 所示。

（2）纽扣系法

西服纽扣有单排、双排之分，在庄重场合所穿的男女西装来讲多为单排扣。穿双排扣西装时，一般将纽扣都扣上；穿单排扣的西装，若为一粒扣，系上略显端庄，敞开则显潇洒；两粒扣的，只扣上面一粒，适用于正式场合，全扣和只扣第二粒不合规范；三粒扣的，扣上面两粒或只扣中间一粒都合规范要求。当然，在非正式场合可以不扣纽扣。

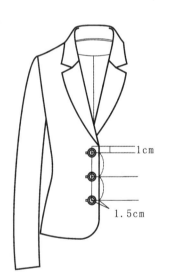

图 2-1-37　三粒扣女西装纽扣位置

女士西服样式丰富、花色繁多，按传统要求，在正式交际场合，女子一般应穿礼服。但现在多数西方国家对于女子的着装要求并非十分严格，在一般交际场合，女子可穿各式裙子，正式一点的场合可以穿西服套裙。

（3）纽扣的选用

纽扣除了具有基本的连接功能，其装饰作用也不容忽视。在现代设计中，往往是细节决定成败，美观、高质的纽扣运用可以体现一个人的审美观，尤其是简约大方的套装，纽扣的作用则更加明显。在选择纽扣时应注意几下几点：

① 造型。纽扣的造型要根据服装风格而定,套装一般选择简约、精致风格的纽扣较为合适。

② 色泽。纽扣色泽的选择须根据服装的整体色彩和风格而定,一般采用同色或近色纽扣。

③ 材质、价格。不同档次服装所需其纽扣的材质、价格各不相同,中高档服装可选择材质较好、价钱稍高的纽扣来衬托服装,提升服装的整体档次。

五、其他辅料

随着人们审美观念的不断提升,越来越多的花边、缎带以及装饰材料出现在休闲西服的设计之中,它们的作用是加强服装造型及装饰作用。

1. 花边

花边是指有各种花纹图案起装饰作用的带状材料,用于各种服装的嵌条、镶边(图2-1-38(b))或其他部位装饰(图2-1-38(a,c))。常用原料有蚕丝、人造丝、金银丝、棉纱等,多运用于内衣、童装、礼服以及部分装饰性较强的休闲西装,现今,蕾丝等花边装饰也成为非严肃场合职业套装彰显女性魅力、婉约特质的有利元素。

(a) 蕾丝装饰衣领　　　　(b) 镶边　　　　(c) 蕾丝装饰衣身

图2-1-38　花边

2. 缎带

用缎纹组织织制的装饰带类织物称为缎带。经纬向均采用黏胶人造丝,织后染成各种颜色,平滑光亮,色泽鲜艳,柔软而直挺,用于服装镶边、滚边及制作饰物,如图2-1-39(a)制作。

3. 装饰材料

装饰材料主要包括珠子、亮片、动物羽毛等,这些材料用线缝合,镶嵌在服装的不同部位,特别是礼服和舞台服装以及休闲类服装,装饰感较强,如图2-1-39(b)所示。

(a) 缎带装饰男、女西装　　　　　　　(b) 珠片装饰女西装

图2-1-39　缎带装饰材料

第二节　服装材料的配用原则

服装是由多种材料组合而成,这些材料相互作用服务于服装整体,同时也决定了服装的外在形象、内在质量,以及其最终价值,这即是各材料间协调配用的重要作用。要保证这种良好的协调组合,必须遵循其配用原则,主要可以从以下两个方面分析:

一、外部因素

1. 季节

不同季节对服装材质以及着装风格要求各不相同,因此,季节成为服装用料配用的首要因素。严寒冬季,宜选择保暖性较好、厚重的面料,如:羊毛、毛涤混纺、驼绒等。春秋季节,薄厚适中的全毛、华达呢、毛涤混纺等面料则更为合适,而炎热夏季,轻薄、透气的真丝、涤麻、人造丝及其他化纤面料则成为上选。

2. 市场

市场需求是服装生产的直接向导,市场需求的变化也对服装产生直接影响,因此,制作前应先了解市场,根据市场需要制定生产计划,这样才能生产出合乎时宜的时尚服装。

3. 价格与档次

服装材料有高、中、低档次的区别,也有昂贵与低廉的区别,高档与低廉相差甚远,在配用时,应考虑他们之间的价值相配性。档次较高、价格昂贵的面料应与高档次的面辅料相配,这样才能更好地体现服装的整体价值,否则会降低服装本身的价值。

二、内部因素

1. 伸缩率

任何服装用面料、里料、衬料都存在其固有的伸缩性能,包括缝纫线、装饰用品、商标等小配件等,因此,在制作时必须采用伸缩率相近的材料,或在制作前,对伸缩率较大的里料、辅料进行适当预缩处理。

2. 耐热度

为避免在熨烫、定型等高温工艺时,因里料、辅料选用不当,而产生烫黄、烫焦或熔化、变形等现象,所以,在选则里料、辅料时,辅料耐热度应不低于面料的耐热度。

3. 坚牢度

坚牢度是指服装面辅料耐撕裂程度、耐顶破程度和耐磨牢度。服装的使用寿命一部分是由面料的坚牢度所决定,而另一部分是由里料和辅料的坚牢度所决定。若服装面料的坚牢度较好,而里料、辅料的坚牢度较差,就会降低服装的使用寿命;反之,坚牢度较差的面料,只有里料和辅料配伍合理,才会起到保护面料的作用,从而延长服装的使用寿命。

4. 颜色

选择的面料、里料、辅料颜色是否合理,同样会对成衣质量造成影响。质地轻薄、透明或半透明的面料,配用不同色系的里料或衬料会造成外透现象,影响成衣的外观色彩效果。因此,除有特殊要求外,面辅料配伍时一般选用同一色系或相近色系为宜。

思考题

1. 总结不同季节适合制作女西装上衣的主要面料类型。
2. 掌握服装辅料的特征及用途。

第三章　服装样板制作

第一节　材料的预缩与整理

　　织物在生产过程中,由于机械张力使织物的经纬方向产生变形,当外力消失后,织物便产生一定的回缩率,一般经向密度大于纬向密度,那么经向收缩率就大于纬向收缩率,反之,纬向收缩率大于经向收缩率。同时,不同面料的纤维性能及其组织结构、纱线粗细、经纬密度等各不相同,其回缩率也不同,因此,这些变化在一定程度上对服装成品的形态稳定性、穿着性能等都产生影响。所以在生产前,必须先对面辅料进行预缩再进行生产,主要包括对面料、辅料和衬料等材料的预缩和整理。

一、预缩方法

　　服装材料在经过织造、染整等各种工艺处理后,织物性能在这些外力作用下受到影响产生变形,因此,在裁剪前如何消除或缓和这些问题,使服装制品的变形降至最低,便成为材料预缩的主要目的。由于各种材料间的变形因素各不相同,所以其处理方法和手段也千差万别。

　　（一）自然预缩

　　自然织物材料在生产加工、包装、叠放时需在一定的张力下进行,这些外作用力会对材料造成一定影响,所以服装加工部门在正式生产前,应对织物进行充分预缩,通常可在拆包、理松的情况下静放一定时间,以消除内应力产生的织物自然回缩,特别是弹性材料,更应充分预缩。如棉织物易起褶皱,应在整烫或定型后,置放 24 h 以上,使其自然回缩。

　　（二）湿预缩

　　对于吸湿性、吸水性较好的材料,在正式投产前一定要进行湿预缩。如棉、麻、丝及黏胶织物应进行浸水干燥预缩,毛织物可采取喷湿预缩,合成纤维织物一般不进行湿预缩。在工业化生产过程中,考虑到时间、工作量、成本等实际情况需要,一般不采用生产前进行湿预缩,而多在裁片前加入适当缩量。当然,在单件单裁时,可以根据需求在生产前进行湿预缩处理。

（三）热预缩

对于由合成纤维织造而成的织物，由于合成纤纺丝加工织物织造过程中的处理，此类织物材料虽湿缩较小，但热缩较大，因此，在投产前应进行相应热缩整理，最常用的热缩处理方法主要包括直接加热法和间接加热法两种。

1. 直接加热法

用电熨斗或呢绒整理机等对布面直接加热。

2. 间接加热法

利用热空气、热辐射等进行加热预缩，可用烘房、烘箱及红外线辐射热，给热的温度和时间都要低于热定型的温度和时间。服装企业若有连续黏合机，其工作幅宽允许，也可用黏合机进行热预缩。

在进行热预缩时，应先查看面料本身承受温度范围，避免因温度过高出现面料变焦、破损等情况。

（四）汽蒸预缩

将织物在蒸汽作用下，使纱线恢复原来的平衡状态，从而达到收缩的目的，是一种湿热预缩的方法。一般服装厂可采用将准备预缩的材料在无张力作用的松弛状态下放入烘房，在 $49\sim98kPa(0.5\sim1\,kgf/cm^2)$ 的蒸汽压力下，自然回缩，时间视材料不同而定，然后进行烘干或晾干处理。

有条件的服装厂可采用汽蒸式预缩机进行预缩，该类预缩机可分为呢毯式和橡胶毯加热承压辊式两种。汽蒸预缩是将湿预缩与热预缩组合一体的预缩方式，同时还具有布面平整的作用，可谓一举两得。

随着纺织印染企业产品质量的不断提高，许多企业生产的织物，在出厂前都进行了预缩处理。因此，将来服装企业可望取消织物预缩整理的要求，只需自然预缩即可。

二、材料整理

服装材料的整理是为完善成衣质量、提高材料的利用率、减少损耗，而开展的对整理加工工序的修正和补救。针对验片后发现的不同瑕疵和缺陷，如缺经、断线、织疵等，所具体实施的措施各不相同，主要包括如下方面：

（一）织物织补

对于织物材料有缺经、缺纬、粗纱、竹节纱、大肚纱、漏针及破洞等织疵时，为提高产品质量，可进行织补处理。对无法织补的，可寄望排料时避让或裁剪后调片，绣花或贴花等方法予以补救。

（二）污渍洗除

织物在生产加工、贮存、运输过程中，可能沾染上各种污渍，发现后可对污渍进行洗除，以提高材料利用率，避免浪费。例如：在缝制过程中，可能会使面料上沾有机器设备上的油渍等，可用废弃软毛牙刷沾松香水、香蕉水等来擦洗，这是在工业化生产中所常用的一种去渍方法，但这种方法只适用于清洗小面积油渍。

（三）整纬

正常织物的经纱、纬纱应保持垂直状态。湿加工时由于织物左右两边所受张力不均匀或中部与两边所受张力不一致，往往会造成织物的纬斜或纬弯等现象。还有的织物，特别是松结构或稀疏光滑织物，由于受力或其他原因产生纬纱或经纱歪斜。服装企业可采用整纬设备进行处理，亦可用手工方式进行整纬处理。

手工整纬方法：首先将待整面料喷湿，其后，两人在纬斜的方向对拉，等面料自然回复后，用熨斗将其烫干并保持稳定状态即可。若一次不行，可反复进行整理，缺点是耗时耗力、速度较慢，质量也较难保障，需要一定经验。

第二节　平驳头刀背西服结构制图

一、款式说明

本款式服装为薄面料紧身分割线造型春夏女西服,这种结构的服装衣身造型优美,能很好地体现女性的体态。带有前片及后片刀背结构分割线,是本款西服结构设计的重点,如图 3-2-1 所示。

本款式服装面料采用驼丝锦、贡丝锦等精纺毛织物及毛涤等混纺织物,也可使用化纤仿毛织物,并用黏合衬做成全衬里。

(1) 衣身构成。是在四片基础上分割线通达袖窿的刀背结构,衣长在腰围线以下 22~27 cm。

(2) 衣襟搭门。单排扣。

(3) 领。V 形平驳头翻领。

(4) 袖。两片绱袖、有袖开衩。

(5) 垫肩。1.5 cm 厚的包肩垫肩,在内侧用线襻固定。

二、面料、里料、辅料的准备

1. 面料

幅宽:144 cm、150 cm、165 cm。

估算方法:(衣长+缝份 10 cm)×2 或衣长+袖长+10 cm(需要对花对格时适量追加)。

2. 里料

幅宽:90 cm、112 cm、144 cm、150 cm。

幅宽:90 cm 的估算方法为衣长×3。

幅宽:112 cm 的估算方法为衣长×2。

幅宽:144 cm 或 150 cm 的估算方法为衣长+袖长。

3. 辅料

(1) 厚黏合衬。幅宽:90 cm 或 112 cm,用于前衣片、领底。

(2) 薄黏合衬。幅宽:90 cm 或 120 cm(零部件用)。用于侧片、贴边、领面、下摆、袖口以及领底和驳头的加强(衬)部位。

(3) 黏合牵条

直丝牵条。1.2 cm 宽。

斜丝牵条。1.2 cm 宽。

半斜丝牵条。0.6 cm 宽。

(4) 垫肩。厚度:1~1.5 cm,绱袖用 1 副。

(5) 袖棉条。1 副。

(6) 纽扣。直径 2 cm 的 3 个,前搭门用;直径 1.2 cm 的 4 个,袖口开衩处用。

三、作图

准备好制图的工具,包括测量尺寸、画线用的直角尺、曲线尺、方眼定规、量角器、测量曲线长度的

图 3-2-1　刀背结构西服
效果图

皮尺。

作图纸选择的是四六开的牛皮纸(1 091 mm×788 mm),易于操作并且大小合适,制图时要选择纸张光滑的一面,以方便擦拭,避免纸面起毛破损。

制图线和符号要按照标准制图要求正确画出,通俗易懂,这是十分重要的,如图3-2-2所示。

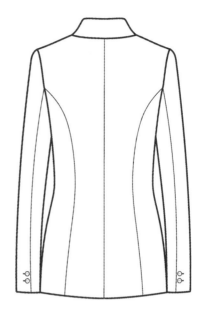

图3-2-2　刀背结构西服款式图

(一) 确定成衣尺寸

要制作合体的衣服,有必要正确地测量人体的尺寸,测量尺寸的方法参看第一章。

设计成衣规格表时,先在中间号型这一栏里填写从中间体号型样衣板型上量取的规格数值,然后再逐档计算、设置并填入其他各档的数值,设计成衣规格。

成衣规格:160/84A,依据是我国使用的女装号型标准GB/T1335.2—2008《服装号型女子》。基准测量部位以及参考尺寸,见表3-2-1。

表3-2-1　成衣规格　制图比例:1:5　　　　　　　　　　单位:cm

编号	部位名称	身高	160	公差±
		净胸围	84	
		净腰围	71	
		净臀围	92	
1	前身长		67.5	1
2	胸围		96	2
3	中腰围		83	+2-3-1
4	下摆围		105	2
5	袖长		56.5	0.7
6	袖肥		18.6	0.7
7	袖口大		13.5	0.5
8	驳头宽		7.8	0.2

(续表)

编号	部位名称	身高	160	公差±
		净胸围	84	
		净腰围	71	
		净臀围	92	
9	后身长		64	1
10	大肩宽		40.6	0.8
11	驳头领嘴宽		4	0.2
12	翻领前宽		3.7	0.2
13	翻领后宽		4.8	0.2
14	领座宽		1.7	0.2
15	袋盖长		13.5	0.3
16	口袋宽		6	0.2
17	口袋垫布宽		5	0.2
18	第一扣眼距下摆		38	0.3
19	第三扣眼距下摆		20	0.5
·20	里袋口长		14	0.4
21	里袋口垫布宽		4	0.2
24	挂衣襻长		6.5	0.5
25	挂衣襻宽		0.8	0.2

（1）衣长。衣长是指后衣长（后中线由后领口点至下摆），在实际的工业生产中，衣长的确定方法通常根据款式图——依据袖长与衣长的比例关系来确定衣长的长短（因为尺骨点与臀围线在一条水平线上，可以作为参照依据，这是初学者必须要掌握的基本方法）。该款式为中长上衣。衣长在臀围线附近是上衣常采用的长度，也是西服套装中常见的长度；也可以站着测量，即从脖子算起到地面距离的 1/2 为最佳。对于较矮的人，上装的下摆可以从臀围处上移 1.5 cm 左右，会使腿显长、身材匀称。

（2）袖长。袖长尺寸的确定是由肩点到虎口上 2 cm 左右。款式为春秋套装，采用 1～1.5 cm 的垫肩；袖长增加度要注意，制图中的袖长约为：测量长度＋垫肩厚度。

（3）胸围。成品胸围：将样衣的成品胸围按号型系列里的胸围档差适当增减编制成表。

（4）腰围。在工业生产制图中，腰围的放松量不要按净腰围规格加放，在制图规格表中可以不体现；根据号型规格的胸腰差（Y/A/B/C）制定即可。以 160/84A 为例，A 体的胸腰差为 18～14 cm，最大胸腰差值为 76～80 cm，最小的胸腰差值为 80～84 cm。

合体服装需要设置"成品腰围"，半宽松及宽松服装通常不设置"成品腰围"。可将样衣的成品腰围按号型系列里的腰围档差适当增减编制成表。

（5）臀围。在工业生产制图中，臀围的放松量不按净臀围规格加放，在制图规格表中可以不体现，臀围值往往是由胸围值根据款式要求加放尺寸，但初学者必须根据臀围尺寸设计下摆的尺寸。成品臀围是将样衣的成品臀围按号型系列里的臀围档差适当增减编制成表。人体的臀围档差稍小于胸围档差，但在成衣规格表中一般可以模糊处理，让臀围与胸围同值增减，以方便推板、制衣工艺及品检的可操作性，至于由此产生约 1～2 cm 的累积性误差在多数情况下可以忽略（因其对服装造型效果及合体性影响甚微）。

（6）下摆大。在工业生产制图中，下摆尺寸即成衣的下摆大小，成衣下摆大是设计量值，往往根据款式需求而定，但需要制图人员有一定经验，如果没有经验就要根据臀围值加放。

（7）袖口。袖口尺寸为掌围加松度，西服通常为 22～26 cm。

（8）肩宽。成衣的肩宽为水平肩宽，在纸样设计时需要加放尺寸。也可以按照此公式计算：肩宽＝衣长×0.618（黄金分割比）。

（二）制图步骤

刀背结构西服属于八片结构套装典型基本纸样，这里将根据图例分步骤进行制图说明。

第一步　衣身作图

（1）衣长。由后中心线经后颈点往下取衣长 64 cm，或由原型自腰节线往下 26 cm。确定下摆线位置，如图 3-2-3 所示。

（2）胸围。加放 12 cm，在原型的基础上放 2 cm，在前后胸围各放 0.5 cm。

（3）领口。春夏装，内着装较少，可以不考虑横领宽的开宽，保持领口不变。

（4）后肩宽。由后颈点向肩端方向取水平肩宽的一半（40.6/2＝20.3 cm）。

（5）后肩斜线。垫肩厚 1.5 cm，后肩斜在后肩端点提高 1.2 cm 垫肩量，然后由后侧颈点连线画出后肩斜线，由水平肩宽交点延长 0.7 cm，作为后肩胛凸点吃量，该量在制作中做归拢处理，如图 3-2-3所示。

（6）前肩斜线。前肩斜线在原型肩端点往上提高 0.7 cm 的垫肩量，然后由前侧颈点连线画出，长度取后肩斜线长度，不含 0.7 cm 吃量，如图 3-2-3 所示。

（7）后袖窿线。由新肩峰点至腋下胸围点画新袖窿曲线，新后袖窿曲线可以考虑追加背宽的松量0.5 cm，但不宜过大。

（8）后袖窿对位点。要注意袖窿对位点的标注，不能遗漏。将皮尺竖起，测量后对位点至后腋下点的距离，并做好记录，如图 3-2-3 所示。

（9）前袖窿线。由新肩峰点至腋下胸围点画新袖窿曲线，春夏装新前袖窿曲线的通常不追加胸宽的松量。

（10）前袖窿对位点。要注意袖窿对位点的标注，不能遗漏，并将皮尺竖起测量该前对位点至前腋下点的距离，并做好记录，如图 3-2-3 所示。

（11）后中心线。按胸腰差的比例分配方法，在后腰线和后下摆处分别收进 2 cm，再与后颈点至胸围线的中点处连线并用弧线画顺，该线要考虑人体背部状态，呈现女性 S 型背部曲线，在背部体现外弧状态，在腰节体现内弧状态，由后腰节点至后下摆线画垂线，如图 3-2-3 所示。

（12）后刀背线。按胸腰差的比例分配方法，由后腰节点在后腰线上取设计量值（11 cm），取省大2 cm，由后刀背线省的中点作垂线画出后腰省，再在后腰省的基础上画顺后袖窿刀背线。

（13）后臀围线。在臀围线上从后中心线向前中心线方向量取臀围的必要尺寸 H/4。

（14）侧缝线。按胸腰差的比例分配方法，由腰线和胸围线的交点收腰省 0.5 cm，后侧缝线的状态要根据人体曲线设置，后侧缝线由两部分组成。

① 后腰线以上部分。后腋下点至后腰节点的长度，画好并测量该长度。

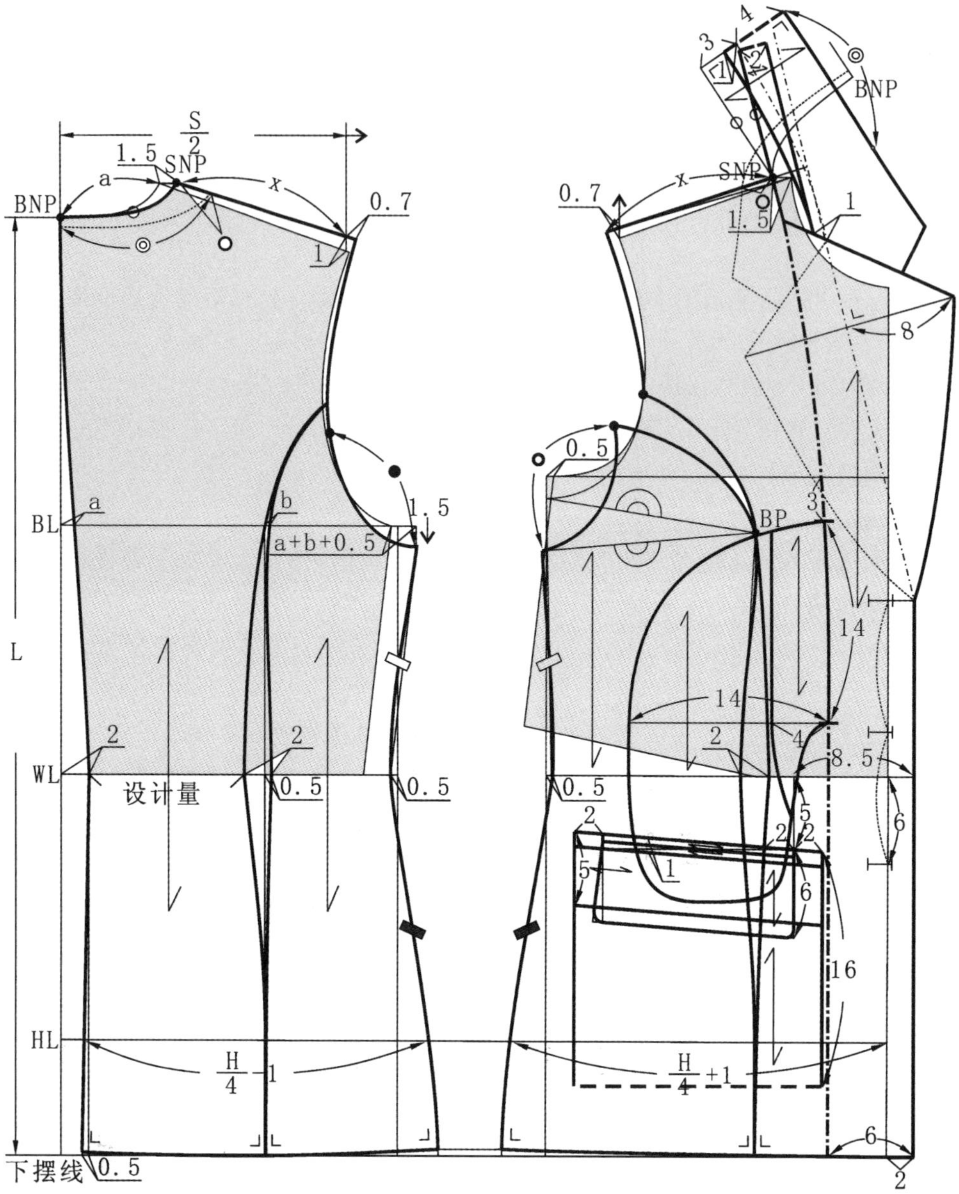

图 3-2-3 刀背结构西服衣身结构图

② 后腰线以下部分。后由腰节点经臀围点连线至后下摆线的长度,并测量腰节点至下摆点的长度。

(15) 下摆线。在下摆线上,为保证成衣下摆圆顺,下摆线与侧缝线要修正成直角状态,起翘量根据下摆展放量的大小而定,下摆放量越大起翘量越大,如图 3-2-3 所示。

(16) 前刀背线。由 BP 点做垂线至下摆线,该线为省的中心线,在腰线上通过省的中心线取省大 2 cm,分割线在袖窿的位置可以根据款式需求确定,由腰省点分别开始画出,最后要把腋下胸凸量转移至前袖窿刀背线中,刀背线的在袖窿的位置,弧度考虑到工艺制作的需求,弧度尽量不要过大。

(17) 前臀围线。在臀围线上从前中心线向后中心线方向量取臀围的必要尺寸 H/4。

(18) 前止口线。前搭门宽 2 cm,与前中心线平行 2 cm 绘制前止口线,并垂直画到下摆,成为前止口线。

(19) 做出贴边线。确定串口线和前领底线交点,在下摆线上由前门止口向侧缝方向取 6 cm,两点连线,成为贴边线。

（20）纽扣位的确定。纽扣位的确定在款式中首先要考虑的是设计因素,门襟的变化决定了纽扣位置的变化。纽扣位置在搭门处的排列通常是等分的,但对衣长特别长的衣服,其间距应是愈往下愈长,否则其间隔看来是不相等的。

本款式纽扣为三粒,第一粒纽扣位为领翻折线的底点距下摆 38 cm,第三粒扭扣位在腰节线向下6 cm,距下摆 20 cm,平分第一粒纽扣位与第三粒纽扣位,确定扣距。

（21）纽扣位的画法。在工业生产制图中,纽扣位的画法又分为扣位的画法和眼位的画法两种。在结构制图中要准确标注是扣位还是眼位。

① 扣位的画法。通常不需要锁眼的扣位,在服装中标注为圆形十字扣,十字中心既是钉扣点,圆的大小即扣子的直径,常用在西服的袖口、双排扣西服的前门内侧。

② 眼位的画法。由前中心线往止口方向放取 0.2~0.3 cm,确定扣位的一边,再由扣位边向侧缝方向取扣眼大 2.2~2.3 cm,扣眼大小取决于扣子直径和扣子的厚度,如图 3-2-3 所示。

（22）口袋的画法。先确定口袋位置的确定。

① 本款口袋为双开线带盖式口袋,其由袋盖、袋布、开线、垫袋布四部分组成。

② 制图步骤。由前袋口点作平行于腰线的水平线 5 cm,定出袋口长 13.5 cm,后袋点起翘 0.7 cm,袋口宽 6 cm,作平行于袋口线上下各 0.5 cm 的双开线。由上袋口线取 5 cm 为垫袋布,取袋布宽 17.5 cm、长16 cm,如图 3-2-3 所示。

（23）里袋的画法。在贴边线上由胸围线下量 3 cm,确定袋口位置,里袋口长 14 cm,宽 14 cm,袋深26 cm。

（24）里袋的画法。在贴边线上由胸围线下量 3 cm,确定袋口位置,里袋口长 14 cm,宽 14 cm,袋深26 cm。

第二步　领子作图

翻驳领的制图步骤说明:

（1）领口弧线。春夏装,内装较薄,前后领口可以用原型领口。

（2）领翻折线

① 先由前侧颈点沿肩线向前中心方向延长放出 2.5 cm(按后领座高−0.5 cm),确定领翻折起点。

② 将第一粒扣位延长到前止口边,确定领翻折止点。

③ 连接领翻折起点、领翻折止点,画出领翻折线(驳口线)。

（3）前领子造型。在前身领翻折线的内侧,预设驳头和领子的形状,这个有一定的经验值在里面,要根据服装的款式需求设计。这就要求制图人员要仔细观察服装款式图领子的式样,设计串口线的高低,学会根据款式图的样式绘制结构制图,如图 3-2-3 所示。

（4）串口线。根据服装式样画出领串口,如图 3-2-3 所示。

（5）驳头宽。在领翻折线与串口线之间截取驳头宽,本款式领子驳头设计宽度为 8 cm,驳头宽要垂直于领翻折线,如图 3-2-3 所示。

（6）驳头外口线。由驳头尖点与翻折止点连线,驳头外口线的造型可以是直线造型也可以是弧线造型,根据款式造型而定,如图 3-2-3 所示。

（7）领嘴造型。在串口线由驳头尖点沿串口线取 4 cm,确定绱领止点,过这个点画前领嘴宽 3.5 cm,前领嘴宽角度为设计量值,如图 3-2-3 所示。

（8）前翻领外口弧线。在前肩线由侧颈点向肩点方向取 2.5 cm(设计量),由该点与前领嘴宽点连线,画出前翻领上的领外口弧线,如图 3-2-3 所示。

（9）画前领型。沿领翻折线向外对称翻转拓出前领型,把画好的前领型连同驳头一起沿翻驳线向外拓出(可以利用纸样沿领翻折线对折,再把领型拓在下一层,然后再打开纸样做出),如图 3-2-3所示。

(10) 后翻领外口弧线。在后肩线由侧颈点向肩点方向取 2.5 cm(设计量),确定翻领外口线与肩线的交点。在后颈点向下取 0.5 cm,该尺寸是由后翻领宽 4 cm 减去底领宽 3 cm,再减去领翻折厚度的消减量 0.5 cm 得出的。确定翻领外口线与后中心线的交点,画出后翻领外口弧线◎,可将前后肩线覆合检查领外口线的圆顺程度,如图 3-2-3 所示。

(11) 翻领宽。设定:后翻领宽(领面)4 cm,后底领宽(领座)3 cm。

(12) 后领子造型。在后身也预定底领和领宽,画出领子的形状,估计出领外口尺寸,如图 3-2-3 所示。

(13) 画后翻领

① 向上延长翻驳线,如图 3-2-3 所示。

② 以侧颈点向上作延长翻驳线的平行线,由侧颈点向上取领口弧线长(○),确定后颈点,成为后绱领辅助线,这条线比定出后领脚线长。这条线比实际的领口弧线尺寸稍短,绱领子时在侧颈点附近将领子稍微吃缝。

③ 由后颈点作后绱领辅助线垂线,画出后中心线,再定出领宽 7 cm(后翻领宽 4 cm,后底领宽 3 cm),直角要用直角尺准确地画出。后底领宽取 3 cm,比前底领宽多 0.5~0.8 cm,后翻领比后底领宽 1 cm,目的是要盖住绱领底线,如图 3-2-3 所示。并作直角线画出外领口辅助线,形成一个长方形。

(14) 领倒伏量。以侧颈点为圆心,以后领口弧线长为半径,旋转后绱领口线,展开领外口线到所需的尺寸。基本驳领的倒伏量是 2~3 cm 之间。在后中心线,与倒伏后的绱领辅助线垂直画线,取后底领宽 3 cm 和后翻领宽 4 cm,如图 3-2-3 所示。

(15) 翻领的分裁设计。为防止领子分割线外露,在领后中线上由领翻折线向下取 1 cm,再在领串口线由领翻折线向领底线方向同样取 1 cm,作出翻领的领下口线,完成后翻领的制图,如图 3-2-3 所示。

在原后绱领辅助线上由后颈点作垂线,画后中心线取 2 cm,由串口线上的后翻领领下口线上的 1 cm 点连线,画后底领领上口线,完成后底领的制图,如图 3-2-3 所示。

通过制图可以看出,翻领的领下口线会比底领领上口线要长,大约 1.4 cm 左右,合缝时要将翻领的领下口线吃缝在底领领上口线领子上。

(16) 修正后翻领型。将绱领口线和领翻折线、领外口线修正为圆顺的线条,如图 3-2-3 所示。注意:绱领口线修顺后与衣片有重叠的部分,在分离纸样时要注意正确处理。很多初学者经常把前衣片按照修正的前绱领口线剪掉,造成肩线长不够、横领宽出错。

第三步 袖子作图(合体两片袖结构设计制图及分析)

本款西服袖是典型的两片结构的套装袖,袖子要在袖口做出开衩并钉两粒装饰扣。

制图法步骤说明,如图 3-2-4 所示。

(1) 前袖宽中线辅助线。首先做出一条基础直线为前袖宽中线辅助线。

(2) 上平线。做前袖宽中线辅助线的垂直线为上平线。

(3) 下平线。从上平线和前袖宽中线辅助线的交点在前袖宽中线辅助线上量取袖长(56.5 cm)做垂直线,为下平线。

(4) 后袖宽中线辅助线。从上平线和前袖宽中线辅助线的交点在上平线上量取 B/5-3 cm-0.6 cm=18.6 cm 做垂直线,为后袖宽中线辅助线。

(5) 袖斜线。按 1/2AH+0.3 cm=23.8 cm(由后袖宽中线辅助线与上平线的交点向前袖宽中线方向量取 0.7 cm 为起始点)。

(6) 袖山深线。按袖斜线与前袖宽中线辅助线的交点为起始点,做前袖宽中线辅助线的垂直线并延长交于后袖宽中线辅助线。

(7) 袖肘线。由袖山深线的 2/5 点至下平线分为两等份,为袖肘线。

(8) 后袖侧斜线。在上平线上的 0.7 cm 点与袖山深线和后袖宽中线辅助线的交点相连。

（9）袖中线。将上平线上 0.7 cm 的点与上平线和前袖宽中线辅助线的交点四等份，在 2/4 点上做上平线的垂直线，交于下平线。

（10）大、小袖内缝线辅助线。大小袖的分配采用的是互补法，大袖借小袖越多，大袖越大，小袖就越小。通过前袖宽中线辅助线与袖山深线的交点、袖肘线的交点、前袖宽中线辅助线与下平线的交点，分别向两边各取设计量 3 cm 并相连，即为大、小袖内缝线辅助线；在西服中前袖缝的借量不能太小，通常取 3～4 cm，这条线在成衣中是不显露的，取值太小就容易造成袖缝外翻，不美观。

（11）大、小袖外缝线辅助线。通过后袖宽中线辅助线与袖山深线的交点、袖肘线的交点、前袖宽中线辅助线与下平线的交点，分别向两边各取设计量 1.5 cm 并相连，即为大、小袖外缝线辅助线。

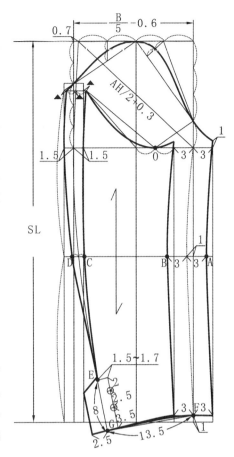

图 3-2-4　袖子结构制图

（12）大、小袖内缝线。在前袖宽中线辅助线与袖肘线的交点向后袖宽中线方向偏进 1 cm 取点，前袖宽中线辅助线与袖山深线的交点及前袖宽中线辅助线与下平线的交点向上抬高 1 cm 点（F 点），再过 F 点做下平线的平行线并交于大、小袖内缝线辅助线（即点一和点二），连接各点，用弧线画顺，并在袖肘线上过 1 cm 点分别向两边各取设计量 3 cm（A 点和 B 点）；在大袖内缝线辅助线与袖山深线的交点向上平线方向延长 1 cm 点和 A 点、点一相连，用弧线画顺，即大袖内缝线；在小袖内缝线辅助线与袖山深线的交点向上平线方向延长 1 cm 点和 B 点、点二相连，用弧线画顺，即小袖内缝线。

（13）袖口线。首先在下平线的下端做一条平行于下平线的 1 cm 线，然后从 F 点向 1 cm 线上量取袖口大 13.5 cm（G 点）并延长 2.5 cm 的袖开衩宽度。

（14）大袖山弧线。先将袖中线和上平线的交点与袖山深线的 3/4 点相连，并延长至大袖内缝线向上平线方向延长的 1 cm 点，然后过上平线上的 1/4 点做其线的垂直线，并将两等分为点一；同样，将袖中线与上平线的交点与袖山深线的 2/5 点相连，并延长至大袖外缝线辅助线上，然后过上平线上的 3/4 点做上平线的垂直线交于此线，也将其两等分为点二；过大袖内缝线向上平线方向延长的 1 cm 点与点一、袖中点、点二、大袖外缝线，用弧线相连画顺。

（15）大袖外缝线。由于后袖侧斜线与后袖宽中线在袖山深的 2/5 处的间隙为"▲"，故大、小袖外缝线辅助线的端点同样向前袖宽中线偏进"▲"的量；后袖宽中线与袖肘线的交点（D 点）和小袖外缝线与袖肘线的交点（C 点）之间两等分，过中点连接至后袖宽中线和袖深线的交点，再连接至 G 点。由大袖外缝线辅助线的端点连接 1.5 cm 点、D 点及 E 点（由 G 点向上量取 8 cm 点），用弧线画出，即为大袖外缝线。

（16）小袖山弧线。先将袖中线与袖深线的交点与小袖内缝线之间的距离两等分（○点），过○点连接至袖山深线的 3/4 点，再过○点连接至小袖外缝弧线偏进的"▲"量相连，用弧线画顺，即小袖山弧线。

（17）小袖外缝线。由小袖外缝弧线偏进的"▲"量连接至 1.5 cm 点、C 点及 E 点，用弧线画出，即为小袖外缝线。

（18）袖衩。本款西服为两粒袖口，袖衩为设计因素，首先在后袖宽中线取开衩 8 cm，然后画后袖偏线的平行线 1.5～1.7 cm，在该线上由袖口向上取 3.5 cm，扣距 2.5 cm，距开衩顶点 2 cm，如图 3-2-4 所示。

四、纸样的制作

制板是服装工业化生产中的一个重要技术环节。制板即打制服装工业样板,是将设计师或客户所要求的立体服装款式根据一定的数据、公式或通过立体构成的方法分解为平面的服装结构图形,并结合服装工艺要求加放缝份等制作成纸型。服装工业样板(工业纸样)是服装工业化生产中进行排料、画样、裁剪的一种模板。它为服装缝制、后整理提供了便利,同时又是检验产品形状、规格、质量的技术依据。

纸样是将作图的轮廓线拓在别的纸上,剪下来使用的纸型。作为成衣纸样设计,需考虑生产问题,因此绘制完纸样必须做成生产性样板,作为单件设计和带有研制性的基本造型纸样更是如此,这是树立设计专业化和产品标准观念的基本训练。纸样制作是指对一些纸样结构进行修改,使之可以达到美化人体、提高品质、减少工时、方便排料、节省用料等目的。

（一）检验纸样

检验纸样是确保产品质量的重要手段,其检查内容主要包括以下几项内容:

1. 检查缝线长度

部分缝合的边线最终都应相等,如侧缝线的长度、大小袖缝线的长度等。要保证容量的最低尺寸,如袖山曲线长大于袖窿曲线长 3.5 cm,后肩线长大于前肩线长 0.7 cm 等。

2. 对位点的标注

检查袖窿对位点、衣身对位点,如三围线、袖肘线、开衩位、驳头绱领止点等。

3. 纱向线的标注

纱向用于描述机织织物上纱线的纹路方向,纱向线的标注用以说明裁片排板的位置。裁片在排料裁剪时首先要通过纱向线来判断摆放的正确位置,其次要通过箭头符号来确定面料的状态。

需要说明的是裁片的纱向标注必须贯穿纸样,不能只起到说明的目的,在实际裁剪中,要用直角尺或丁字尺来测量裁片纱向与布边的距离,以保证裁片纱向线两端的测量数据相等,矫正裁片的位置。

4. 工艺符号的标注

纱向的上下标注一定要清楚准确,通常纸样上有四个标注:款式名称、尺码号、裁片名称、裁片数。

所有的定位符号(扣位、袋位等)、打褶符号、工艺符号等都要标准明确。全部的纸样需画上对位记号和直丝(经纱方向)线,写上部件名称。另外,上下方向容易混同的纸样,要画出指向下方的标志线。

（二）修正纸样

完成结构处理图

基本造型纸样绘制之后,就要依据生产要求对纸样进行结构处理图的绘制。

（1）修正领面

在成衣制作时为防止领子翻折造成外口的止口倒吐,通常根据面料的厚度对纸样进行结构处理,通过翻折线将领面剪开向上移动 0.3～0.7 cm,其中薄面料向上移动 0.3～0.5 cm,厚面料向上移动 0.5～0.7 cm,之后重新绘制轮廓线,如图 3 - 2 - 5 所示。

（2）修正贴边

在成衣制作时为防止西服的驳头翻折造成外口的止口倒吐,通常根据面料移动 0.3～0.5 cm,厚面料向上移动 0.5～0.7 cm,重新绘制轮廓线,如图 3 - 2 - 5 所示。

（三）复核全部纸样

复核后的纸样经裁剪制成成衣,用来检验纸样是否达到了设计意图,这种纸样称为"头板"。虽然结构设计是在充分尊重原始设计资料的基础上完成的,但经过复杂的绘制过程,净样板与目标会存在一定的误差,因此应在净样板完成后对样板规格进行复核。此外,服装是由多个衣片组合而成,衣片的取料、衣片间的匹配等因素直接影响服装成品的质量,为了便于各衣片在缝制过程中准确、快捷地缝合各衣片,样板在完成轮廓线的同时还应标识必要的符号,以指导裁剪缝制等各工序的顺利完成。样板的复核

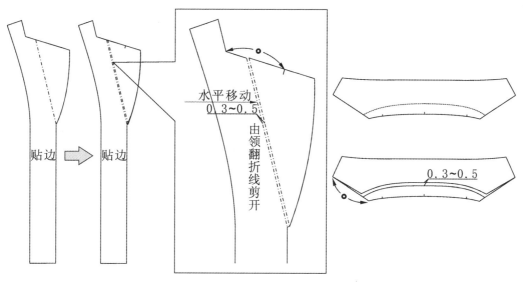

图 3-2-5 领子、贴边的修正

通常包括以下内容：

对非确认的纸样进行修改，调整甚至重新设计，再经过复核成为"复板"制成成衣，最后确认为服装生产纸样。除复核面板纸样外，还有里板纸样、衬板纸样、净板纸样等。

1. 对规格尺寸的复核

依照已给定的尺寸对纸样的各部位进行测量，围度值及长度值均需仔细核对。实际完成的纸样尺寸必须与原始设计资料给定的规格尺寸吻合。在通常情况下，原始设计资料都会给定关键部位的规格尺寸、允许的误差范围及正确的测量方法。这些关键部位因为服装款式的不同而有所不同，例如胸围、腰围、衣长等。净样板完成后，必须根据原始设计资料所要求的测量方法对各关键部位进行逐一复核，保证样板尺寸满足于原始设计资料。

2. 对各缝合线的复核

服装各部件的相互衔接关系，需要在纸样制作好后，检查袖窿弧线及领口弧线是否圆顺；检查服装下摆和袖口弧线是否圆顺；检查袖山弧线和袖窿弧线长度差值；检查领口弧线和绱领口弧线长度是否相等；检查衣身前后侧缝长度、袖缝长度是否相等。不同衣片缝合时根据款式的造型要求，会做等长或不等长处理。对于要求缝合线等长的情况，净样板完成后，必须对缝合线进行复核，保证需要缝合的两条缝合线完全相等。对于不等长的情况，必须保证两条缝合线的长度差与结构设计时所要求的吃势量、省量、褶量或其他造型方式的需求量吻合，以达到所要求的造型效果。

3. 对位记号的复核

制板完成后为了指导后续工作必须在样板上进行必要的标识，这些标识包括对位记号、丝缕方向、面料毛向、样板名称及数量等。

（1）袖窿对位点（后袖窿对位点、前袖窿对位点、袖山点、腋下点、开衩止点、纽扣位置）。

（2）衣身对位点（胸围线、腰围线、臀围线、袖肘线等，如前身的纸样在省道、前中心线、驳口线、翻折点贴边位置）。

（3）驳头绱领止点

（4）领口对位点（1个后颈点、2个侧颈点）。

4. 样板数量的确定

服装款式多种多样，但无论繁简，服装往往都由多个衣片组成。因此在样板完成后，需核对服装各裁片的样板是否完整，并对其进行统一的编号，不能有遗漏，以保证成衣的正常生产。

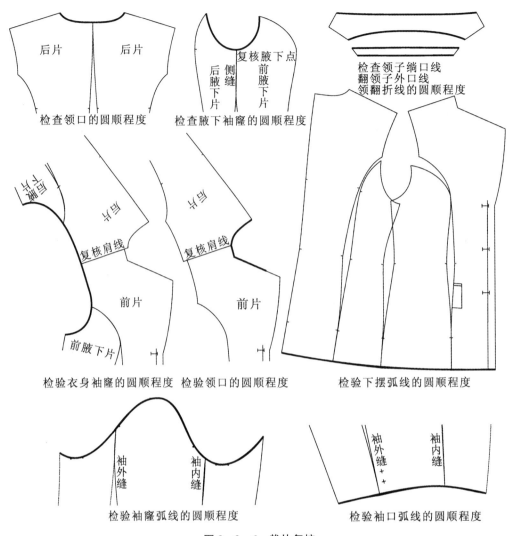

图 3 - 2 - 6 裁片复核

五、工业毛板

在绘制服装结构制图时并不是单纯地绘制服装结构图,而是把服装款式、服装材料、服装工艺三者进行融会贯通,只有这样,才能使最后的成品服装既符合设计者的意图,又能保持服装制作的可行性。基础纸样是以设计效果图为基础制作的纸样,通过平面作图法和立体裁剪法,或者平面作图与立体裁剪结合的方法而制成。用该纸样裁剪和缝合后,再去重新确认设计效果。

1. 工业用纸样的条件

(1)能够适应消费者穿着的尺寸及相应的体型。

(2)纸样的形状要适应材料本身的特性。

(3)不能产生错误的缝制。

(4)应是高效率的。

(5)必要的纸样一应俱全。

(6)可对领面、贴边、必要的外形尺寸、材料的长度等进行纸样操作。

(7)适应市场价格的用料量,可低成本制作的款式。

(8)适合设计、材料、缝制方式的缝份宽度以及对位记号等。

2. 本款女西装工业板的制作

本款女西装工业板的制作如图 3 - 2 - 7～图 3 - 2 - 13 所示。

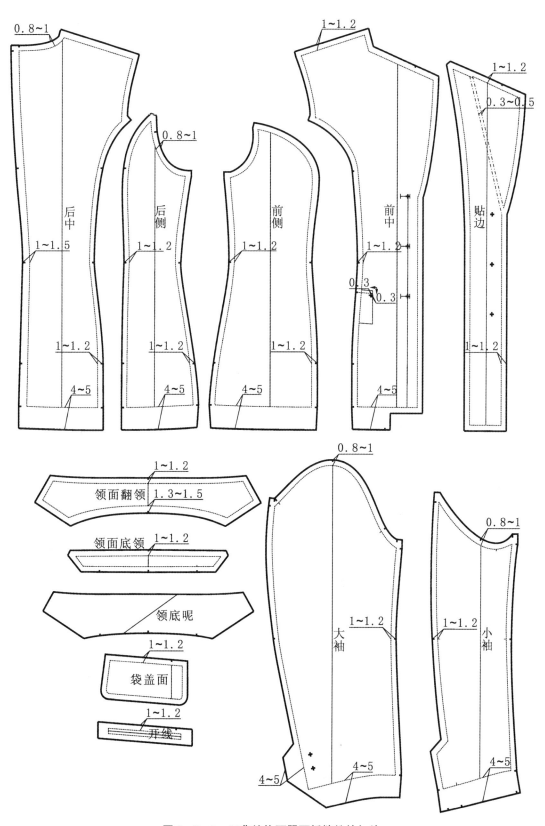

图 3-2-7 刀背结构西服面板缝份的加放

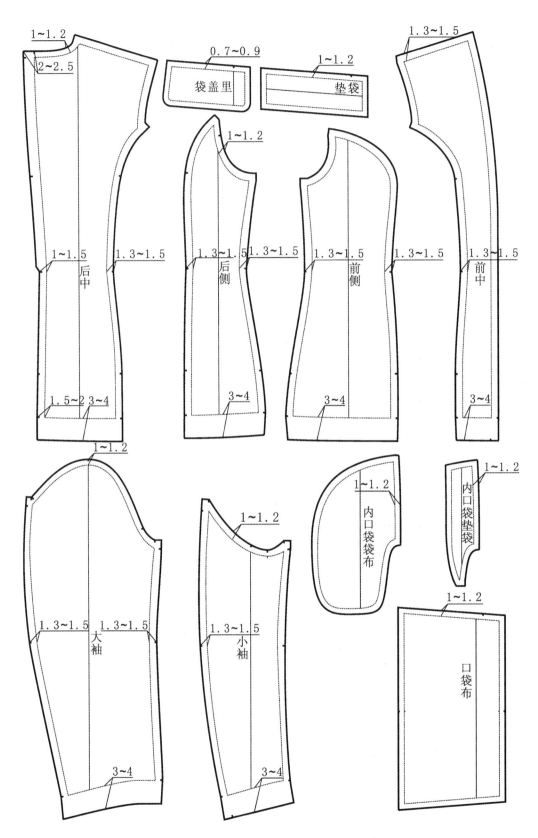

图 3-2-8　刀背结构西服里板缝份的加放

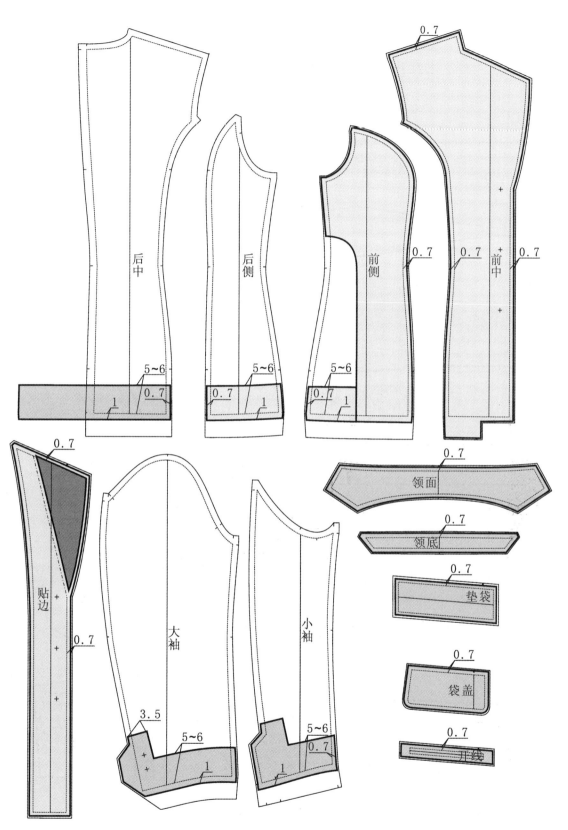

图 3 - 2 - 9　刀背结构西服衬板缝份的加放

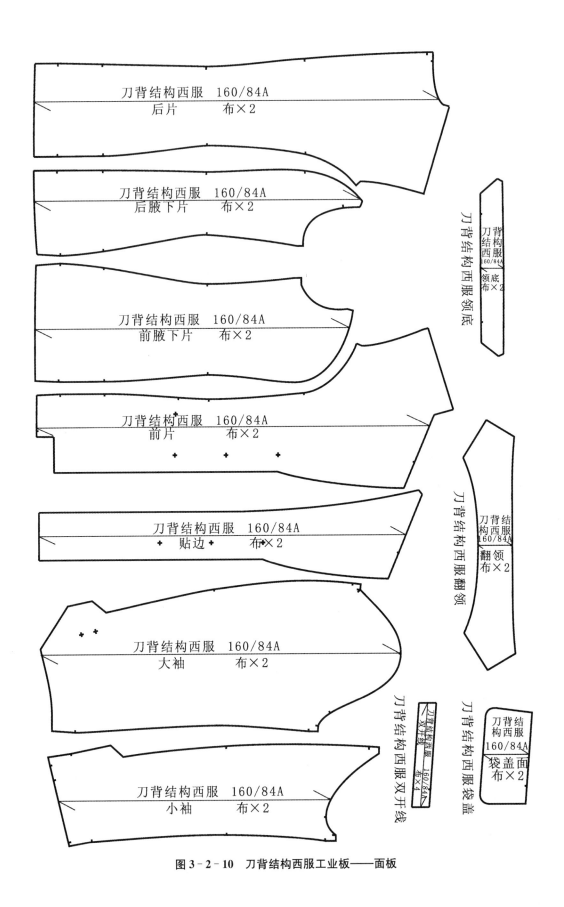

刀背结构西服 160/84A
后片 布×2

刀背结构西服 160/84A
后腋下片 布×2

刀背结构西服 160/84A
前腋下片 布×2

刀背结构西服 160/84A
前片 布×2

刀背结构西服 160/84A
贴边 布×2

刀背结构西服 160/84A
大袖 布×2

刀背结构西服 160/84A
小袖 布×2

刀背结构西服领底

刀背结构西服 160/84A
领底 布×2

刀背结构西服翻领

刀背结构西服 160/84A
翻领 布×2

刀背结构西服双开线

刀背结构西服 160/84A
双开线 布×4

刀背结构西服袋盖

刀背结构西服 160/84A
袋盖面 布×2

图 3-2-10 刀背结构西服工业板——面板

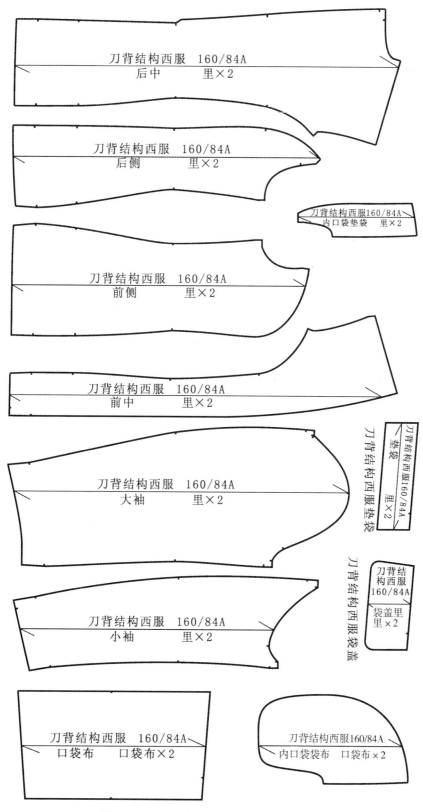

刀背结构西服　160/84A
后中　　　里×2

刀背结构西服　160/84A
后侧　　　里×2

刀背结构西服160/84A
内口袋垫袋　里×2

刀背结构西服　160/84A
前侧　　　里×2

刀背结构西服　160/84A
前中　　　里×2

刀背结构西服　160/84A
大袖　　　里×2

刀背结构西服160/84A
垫袋　里×2

刀背结构西服垫袋

刀背结构西服　160/84A
小袖　　　里×2

刀背结构西服
160/84A
袋盖里×2

刀背结构西服袋盖

刀背结构西服　160/84A
口袋布　　口袋布×2

刀背结构西服160/84A
内口袋袋布　口袋布×2

图 3-2-11　刀背结构西服工业板——里板

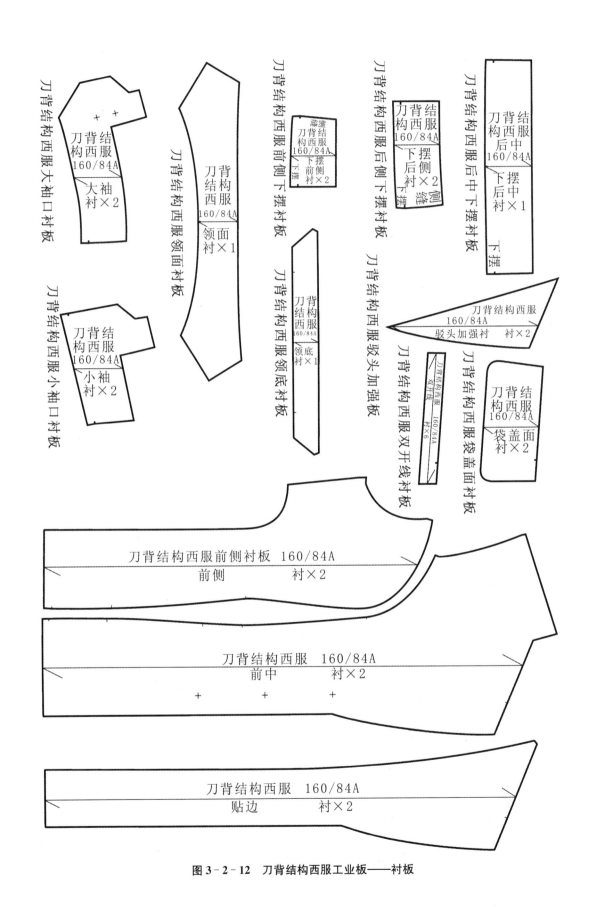

图 3-2-12　刀背结构西服工业板——衬板

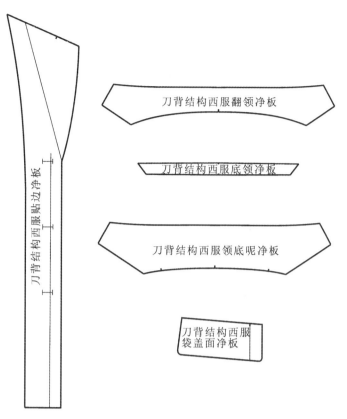

图 3-2-13 刀背结构西服工业板——净板

3. 本款女西装排料示意图

本款女西装的排料示意图如图 3-2-14～图 3-2-16 所示。

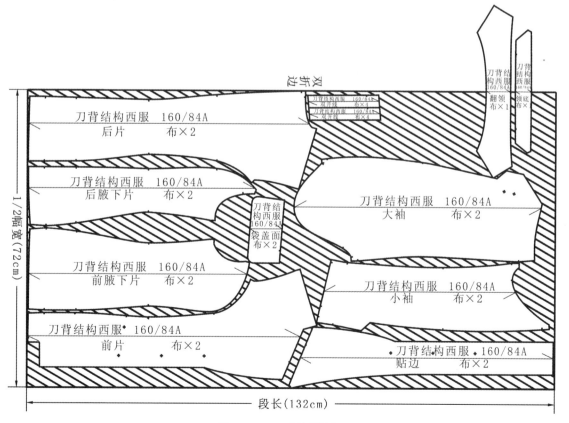

图 3-2-14 面板排料图

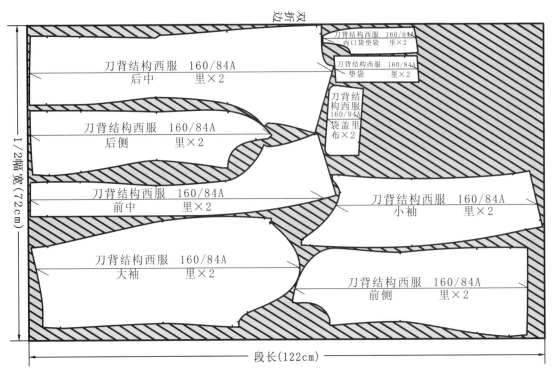

图 3-2-15 里板排料图

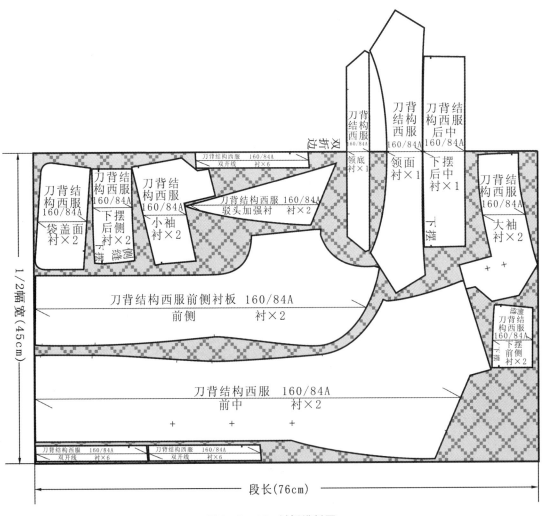

图 3-2-16 衬板排料图

4. 本款女西装实际排料示意图

本款女西服在工厂实践制作过程中的排版示意图,如图 3-2-17~图 3-2-20 所示。

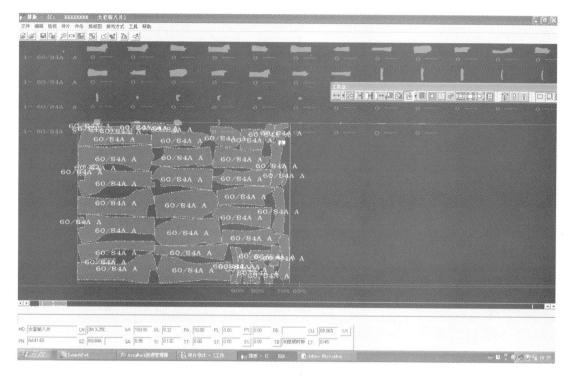

图 3-2-17 电脑排料图

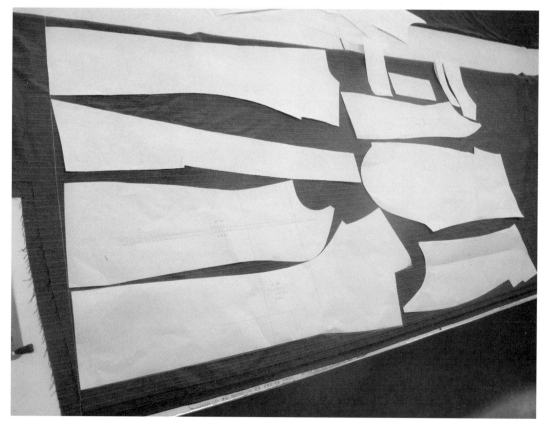

图 3-2-18 面板排料图

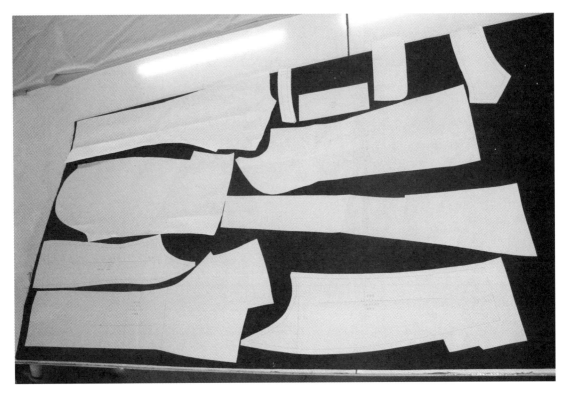

图 3 - 2 - 19　里料排料图

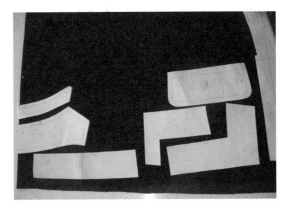

图 3 - 2 - 20　衬料排料图

思考题

1. 结合所学的西服结构原理和技巧设计绘制不同款式西服。

2. 复核制定全套工业样板。

3. 独立完成面辅料、衬料排料及成衣的裁剪工作。

第四章　服装裁剪工艺

学习目标

1. 了解铺料的工艺要求和方法；
2. 了解排料画样的目的、原则和方法；
3. 了解裁剪的工艺要求；
4. 了解黏合衬布的种类和黏合过程。

能力目标

1. 能根据不同裁片选择合理的排料方法；
2. 能识别不同种类衬布并控制其黏合过程。

第一节　铺　　料

一、面料整理

一般情况下，布料会产生布纹不正，或因水分子原因而抽缩的现象，因此，不易直接用于制作，以避免因熨斗蒸汽、温度的变化，或洗涤抽缩及穿着而产生走形等现象，这样的布料整理过程称为整烫。

（一）纠正布纹

首先确认布边是否抽缩，若有抽缩现象，可斜向稍打剪口后拉伸，确认横向的裁剪边缘是否为一根贯通的纬向纱，若不是，找到一根贯通的纬向纱后用剪刀剪齐，让竖线和横线达到垂直、水平。再用双手把布料向想改正的方向拉伸，纠正布料上所有的歪斜。然后，在烫台上把布纹调整正确，用大头针固定，再用适当温度的熨斗压烫整理，使布纹横平竖直。

（二）预缩

也称缩绒，即预先利用湿气和热量使要收缩的部分收缩，为了不损伤布料原有的手感，应选择适合材料的方法，先在布头上试验，再正式操作为好。预缩的常用方法主要包括以下几种：

① 干烫。不加水分，从背面熨烫，适用于经过防缩加工的布、丝和合成纤维。

② 使用蒸汽熨斗。适用于毛织品及以毛为主的纺织品。

③ 真空熨烫平台。带有供给蒸汽，同时可去除水分装置的熨烫平台，几乎适用于一切材料。

④ 浸水后弄干，再用蒸汽熨斗熨烫，适用于棉、毛衬等。

二、铺料的工艺要求

1. 布面平整

铺料时，必须使每层面料都十分平整，布面不能有折皱、波纹、歪扭等情况。若面料铺不平整，裁剪出的衣片与样板就会有较大误差,这势必会给缝制造成困难,而且还会影响服装的设计效果。

面料本身的特性是影响布面平整的主要因素,例如:表面具有绒毛的面料,由于面料之间摩擦力过大,接触时不易产生滑动,因此,铺平面料比较困难。相反,有些轻薄面料表面十分光滑,面料之间摩擦力太小,缺乏稳定性,也难于铺平整。再如有些组织密度很大,或表面具有涂料的面料,其透气性能差,铺料时面料之间积留的空气会使面料鼓胀,造成表面不平。因此,了解各种面料的特性,在铺料时采取相应措施,精心操作是十分重要的,而对于本身有折皱的一些面料,铺料前还需经过必要的整理手段,清除面料本身的折皱。

2. 布边对齐

铺料时,要使每层面料的布边都上下垂直对齐,不能有参差错落的情况。如果布边不齐,裁剪时会使靠边的衣片不完整,造成裁剪废品。

面料的幅宽总有一定的误差,要使面料两边都能很好地对齐是比较困难的,因此,铺料时要以面料的一侧为基准,通常称为"里口",要保证里口布边上下对齐,最大误差不能超过±1 mm。

3. 减少张力

要把成匹面料铺开,同时还要使表面平整,布边对齐,必然要对面料施加一定的作用力而使面料产生一定张力。由于张力的作用,面料会产生伸长变形,特别是伸缩率大的面料更为显著,这将会影响裁剪的精剪度,因为面料在拉伸变形状态下剪出的衣片,经过一段时间,还会回复原状,使得衣片尺寸缩小,不能保持样板的尺寸,因此,铺料时要尽量减少对面料施加的压力,防止面料的拉伸变形。

卷装面料本身具有一定的张力,如直接进行铺料也会产生伸长变形。因此卷装面料铺料前,应先将面料散置,使其在松弛状态下放置24小时,然后进行铺料。

4. 方向一致

对于有方向性的面料,铺料时应使各层面料保持同一方向铺放。

5. 对正条格

对于具有条格的面料,为了达到服装缝制时对条对格的要求,铺料时应使每层面料的条格上下对正。要把每层面料的条格全部对准是不容易的,因此,铺料时要与排料工序相配合,对需要对格的关键部位使用定位挂针,把这些关键部位条格对准。

6. 铺料长度要准确

铺料的长度要以画样为依据,原则上应与排料图的长度一致。铺料长度不够,将造成裁剪部件不完整,给生产造成严重后果;铺料长度过长,会造成面料浪费,抵消了排料工序努力节省的成果。为了保证铺料长度,又不造成浪费,铺料时应使面料长于排料图0.5～1 cm。此外,还应注意铺料与裁剪两工序相隔时间不要太长,如果相隔时间过长,由于面料的回缩,也会造成铺料长度不准。

三、铺料方法

铺料前首先应识别布面,包括区分正反面,只有正确地掌握面料的正反面和方向性,才能按工艺要求正确地进行铺料。以下为生产中铺料的几种常用方式。

1. 单向铺料

这种铺料方式是将各层面料的正面全部朝向一个方向,一般多朝上,其特点是各层面料的方向一致。用这种方式铺料,面料只能沿一个方向展开,每层之间面料要剪开,因此,工作效率较低。

2. 双向铺料

这种铺料方式是将面料一正一反交替展开,形成各层之间面与面相对、里与里相对。用这种方式铺料,面料可以沿两个方向连续展开,每层之间也不必剪开,因此,工作效率比单向铺料高。这种方式的特点是各层面料的方向是相反的,在铺料时应注意这一因素,避免裁出的裁片正反有误。

3. 对折铺料

将布料对折,对齐两边,正面向里进行铺料。对折铺料仅适用于双幅(宽幅)毛料,以确保衣片条格的对称性。对折铺料效率低,面料利用率低,但对条对格准确,常用于男女西服等高档服装的铺料。

在生产中,应根据面料的特点和服装制作的要求来确定铺料方式。例如素色平纹织物,布面本身不具方向性,正反面也无显著区别,此类面料可以采用双向铺料方式,使操作简化,效率提高。有些面料虽然分正反面,但无方向性,也可以采用双向铺料方式。这时可利用每相邻的两层面料组成一件服装,由于两层面料是相对的,自然形成两片衣片的左右对称,因此,排料时可以不考虑左右衣片的对称问题,使排料更为灵活,有利于提高面料的利用率。如果面料本身具有方向性,为使每件衣服的用料方向一致,铺料时就应采取单向铺料方式,以保证面料方向一致。缝制时要对格的产品,铺料时也要对格,并要采取单向铺料,否则就不能做到对格。

第二节 排料画样

一、排料画样及其目的

服装排料也称排版、排唛架、划皮、套料等,是指一个产品排料图的设计过程,是在满足设计、制作等要求的前提下,将服装各规格的所有衣片样板在指定的面料幅宽内进行科学的排列,以最小面积或最短长度排出用料定额。

排料的最终目的是使面料的利用率达到最高,以降低产品成本,同时给铺料、裁剪等工序提供可行的依据。

二、排料的原则及方法

(一) 排料的原则

1. 衣片对称

服装的衣袖、左右前片等是对称式的,因此,在制作裁剪样板时,可先绘制出一片样板,排料时要特别注意样板的正反使用。若在同一层衣料上裁取衣片,则要将样板正反各排一次,使裁出的衣片左右对称,避免"一顺"现象。

2. 丝缕正直

在排料时要严格按照技术要求,认真注意丝缕的正直。绝不允许为了省料而自行改变丝缕方向,当然在规定的技术标准内允许有事实上的误差,但决不能把直丝变成横丝或斜丝,这些都要经过技术部门确定后,才能改变。因为丝缕是否正直,直接关系到成形后的衣服是否平整挺括,穿着是否舒适美观等质量问题。

3. 对条对格

有倒顺毛、倒顺图案的面料在进行排板时须特别注意,否则会直接影响服装最终的外形效果。

(1) 对条对格处理。对条格的方法可分为两种,一种是准确对格法(用钉子),另一种是放格法。准确对格法,是在排料时将需要对条、对格的两个部件按对格要求准确地排好位置,画样时将条格划准,保证缝制组合时对正条格。采用这种方法排料,要求铺料时必须采用定位挂针铺料,以保证各层面料条格对准,而且相组合的部位应尽量排在同一条格方向,以避免由于原料条格不均而影响对格。放格法,是在排料时,不按原形画样,而将样板适当放大,留出余量。裁剪时应按放大后的毛样进行开裁,待裁下毛坯后再逐层按对格要求划好净样,剪出裁片。这种方法比第一种方法更准确,铺料也可以不使用定位挂针,但不能裁剪一次成形,比较费工,也比较费料,在高档服装排料时多用这种方法。

（2）倒顺毛面料。表面起毛或起绒的面料，沿经向毛绒的排列就具有方向性。如灯芯绒面料一般应倒毛做，使成衣颜色偏深。粗纺类毛呢面料，如大衣呢、花呢、绒类面料，为防止明暗光线反光不一致，并且不易黏灰尘、起球，一般应顺毛做，因此排料时都要一顺排。

（3）倒顺花、倒顺图案。这些面料的图案有方向性，如花草树木、建筑物、动物等，不是四方连续，则面料方向放错了，就会头脚倒置。

4. 避免色差

布料在印、染、整理过程中，往往会存在一些色差。

原料色差有：同色号中各匹料之间的色差；同匹原料左、中、右（布幅两边与中间）之间色差，也称边色差；前、中、后各段的色差，也称段色差；以及素色原料的正反面色差。通常单件服装的排料，各衣片基本上是排在一起的，所谓的要避免色差，主要是指边色差。一般情况是布幅两边颜色稍深，而中间稍浅，其原因是布料两边稍厚，卷布时染料容易被轧辊压入纤维内部。当服装有对色要求时，那么上衣就要求破侧缝，这样在侧缝处、门襟处就不会有色差，成连缝过渡。另外，重要部位的裁片应放在中间，因为中间大部分地区往往色差不严重，色差主要在布边几十厘米的地方。有段色差的面料，排料时应将相组合的部件尽可能排在同一纬向上，同一件衣服的各裁片，排列时不应前后间隔太大，距离越大，色差程度就会越大。

5. 核对样板块数，避免遗漏

要严格按照技术要求对样板及面辅料清单进行检查。

（二）排料的方法

排料的重要目的就是节约用料，降低制作成本。在保证设计和制作工艺要求的前提下，尽量减少面料的用量是排料时应遵循的重要原则，也是工业化批量生产用料省的最大特点。

服装的最终成本，很大程度上取决于面料的用量，因此如何通过排料找出一种用料最省的样板排放形式，很大程度要靠经验和技巧。根据经验，以下几种方法是在实践操作过程中反复试验所得出的对提高面料利用率最行之有效的方法。

1. 先大后小

排料时，先将主要部件较大的样板排好，然后再把零部件较小的样板在大片样板的间隙中及剩余部分进行排列，这样能充分利用各大样板之间的空隙，减少废料。

2. 套排紧密

要讲究排料艺术，注意排料布局，根据衣片和零部件的不同形状和角度，采用平对平、斜对斜、凹对凸的方法进行合理套排，并使两头排齐，减少空隙，充分提高原料的利用率。

3. 缺口合并

有的样板具有凹状缺口，但不能紧密套排的时候，可将两片样板的缺口合并，以增大缺口的空隙，这样剩余空隙内便可排入较小的衣片样板。例如：前后衣片的袖笼合在一起，就可以裁一只口袋，如分开，则变成较小的两块，可能毫无用处。缺口合并的目的是将碎料合并在一起，可以用来裁剪零料等小片样板，提高原料的利用率。

4. 大小搭配

当同一裁床上要排几件时，应将大小不同规格的样板相互搭配，如有 S、M、L、XL、XXL 五只规格，一般采用以 L 码为中间码，M 与 XL 搭配排料，S 与 XXL 搭配。当然件数要相同。原因是一方面技术部门用中间号来核料，其他二种搭配用料基本同中间号，这样，有利于裁剪车间核料，控制用料。另一方面，大配小，如同凹对凸一样，一般都有利于节约成本。

同时，排料时还应注意排料总图最好比上下各边进 1～1.5 cm 为宜，这样既可以防止排出的裁剪图比面料宽，又可避免布边太厚而造成裁出的衣片不准确。

三、画样的方法

排料排好后就可以进行画样,即在纸上或布料上做记号,以此作为辅料裁剪的依据(图4-2-1)。

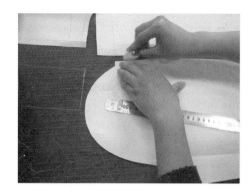

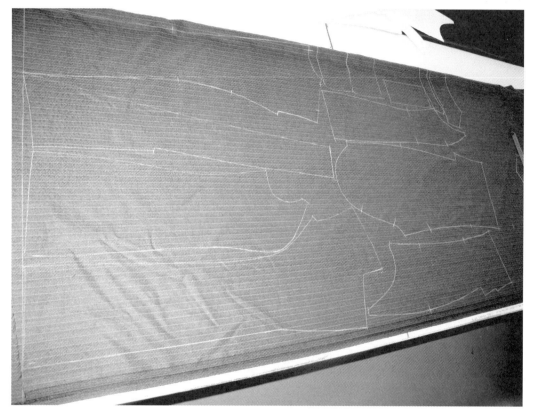

图4-2-1　画样

1. 画样要求

(1)线条要清晰明显。不能模模糊糊,特别是交叉点,更要明显,如有划错或改变部位的画线,一定要将划线擦去重划,或另做明显标记,以防裁错。线条要连续、顺直、无双轨线迹。

(2)画线要准确。各种线条,如横、直、斜、弯曲、圆弧等线,必须划细、划准。不得有歪斜或粗细不匀,以免直接影响裁片的规格质量。特别是对松软的面料或弹性较好的面料,更要注意画线的准确性,防止走样变形,达不到原样要求。

(3)划具要好。要根据面料选择划具。直接画样时,质地轻薄、颜色较浅、纱支较细的面料(如衬衫料)可用铅笔;面料厚宽、颜色较深的套装料可用白铅笔或滑石片画样;厚重、色深、毛呢料的可用划粉。薄纸画样可用铅笔。划具颜色既要明显,又要防止污染衣料,不宜用大红、大绿等颜色画样,以免渗色,尤其忌用圆珠笔等极易污染衣料的划具。划具要削细、削尖,保持画线匀细、清晰。

（4）做好记号。一般对于各种规格的套裁，必须在画样时做好记号，严防搞错，影响质量。

到这里，裁剪车间的排料员工作基本结束，根据分床方案及排料画样情况还要开出裁剪通知单，作为裁剪工人铺料时的依据。

2. 画样方法

（1）纸皮画样。利用样板在一张与面料幅宽相同的薄纸上画样，然后将纸直接放在布料上开裁。适用丝绸等薄料子裁剪，可防止面料污染。

（2）面料画样。又称划皮，直接在面料上按样板排料画样，按线开裁。此法较易污染衣料，不适于薄料子（容易透出正面），多用于颜色较深的原料或需对条对格的面料画样。

（3）漏板画样。即先在平挺、光滑、耐用不缩的纸板上，按照衣料的幅宽，在上面排料画样，再准确地打成等距离钻孔的连线，再将漏板覆在衣料的表层上，经刷粉漏出衣料裁片的画样，作为开裁的依据。其特点是速度快、效率高、可多次重复使用，特别适用于大批量生产和多次翻单的产品，缺点是不如直接画样清晰，缝纫时可能会断针等。

（4）计算机画样。用计算机排料画样，直接放在面料上按图开裁。

第三节　裁　　剪

一、裁剪的概念

裁剪是按照排料图上衣片的轮廓用裁剪设备将铺放在裁床上的面料裁成衣片的过程。

二、裁剪的工艺要求

（一）正确掌握操作技术规程，保证裁剪精度

裁剪精度是指裁出的衣片与样板之间的误差大小以及各层衣片之间的误差大小。服装裁剪最主要的工艺技术要求就是裁剪精度高。为了保证裁片与样板的形状一致，必须严格按照裁剪图上画的样板轮廓进行裁剪。裁剪操作技术规程如下：

1. 先小后大

裁剪时，应先裁较小衣片，后裁较大衣片。否则，先裁了大衣片，剩下的小衣片不容易把握面料，给裁剪带来困难，如图4-3-1。

2. 刀不拐角

裁剪到拐角处，应从两个方向分别进刀至拐角处，而不应直接拐角，以保证拐角处精确度。

3. 避免错动

裁剪时，压扶面料用力应轻柔，不要用力过大，更不要向四周用力，避免面料各层之间产生错动，造成衣片之间的误差，如图4-3-1。

4. 裁刀垂直

裁剪时要保持裁刀垂直避免造成各层衣片之间的误差，如图4-3-1。

5. 裁刀锋利

裁剪时要保持裁刀锋利和清洁，以免裁片边缘起毛，影响精确度。

6. 剪口准确

缝制时为了准确确定衣片之间的相互配合位置，裁剪时要打剪口作标记。剪口位置是按样板要求确定的，一般为2～3 mm。

图 4 - 3 - 1　面料裁剪

（二）注意裁刀温度对裁剪质量的影响

工业裁剪使用的是高速电剪，而且是多层面料一起裁剪，因此，裁刀与面料之间因剧烈摩擦会产生大量的热量，使裁刀温度升高。对于耐热性差的面料，衣片边缘会出现变色发焦或黏连现象，从而影响裁剪质量，因此，裁剪时控制裁刀温度是非常重要的。对于耐热性差的面料，可使用速度较低的裁剪设备，同时适当减少铺布层数，或者间歇地进行操作，使裁刀温度能够散发出去。

三、裁剪的质量要求

裁剪是成衣缝制的第一个过程，若裁剪质量不佳，则会影响后道工序顺利进行，因此，对裁剪进行质量控制成为至关重要的环节。裁剪的质量要求如下：

1. 裁剪精度高。
2. 丝缕方向准确。
3. 定位孔位置准确。
4. 剪口位置准确。
5. 色差、瑕疵点在工艺要求允许的范围内。

第四节　裁　片　黏　衬

一、黏合衬布

黏合衬是使缝制合理化、效率化及简略化所不可缺少的材料。目前，由于黏合衬质量及种类的多样化，故可适用于各种柔软和硬挺面料的缝制。衬在缝制衣服中起着主导作用，所以需根据不同面辅料选择合宜的品种，以下为黏合衬布的几种常见分类。

（一）按涂层方法分类

1. 粉点黏合衬

将黏合剂微粒洒在滚筒上的凹坑内，以一定的花纹压印在基布上，微粒的分布均匀且有规则，如图 4 - 4 - 1。此法目前应用最广，适用于无纺织物外的任何黏合衬。

2. 浆点黏合衬

先将热熔胶调制成浆状，然后通过圆网将树脂微粒黏在基布上，微粒的大小和分布很均匀。此法适用于热敏感材料（如无纺织物）和不易黏合织物的涂层加工。

3. 喷撒法黏合衬

是使用最早和最简单的黏合衬涂层方法,它是将粉状热熔胶喷洒在基布上,形成大小及分布不规则的涂层。用于较低档的衬,如无纺衬、皮革、鞋帽、装饰衬等。

4. 双点黏合衬

它是在以上三种涂层片的基础上发展起来的,其基本原理是考虑到底布与面料的黏合性能不同,在底布上涂上二层重叠的热熔胶,下层与底布黏合,上层与面料黏合,以使获得理想的黏合效果,如图4-4-2。双点黏合衬适用于质量要求高和难黏合的服装衬布。

图4-4-1 粉点黏合衬

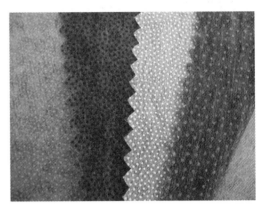

图4-4-2 双点黏合衬

(二) 按底布分类

1. 机织黏合衬:由机织物作底布的衬布。

2. 针织黏合衬:由针织物作底布的衬布。

3. 无纺织物黏合衬:由无纺织物作底布的衬布。

(三) 按热熔胶涂层种类分类

1. 聚乙烯(PE)黏合衬

特点是价廉、耐水洗性好、耐干洗性差,压烫黏合温度较高(160℃～190℃),黏合强度低于聚酰胺、聚酯类黏合剂、手感稍硬。适用于衬衫领衬,不适用于对热较敏感的面料,如裘皮、丝绸。

2. 聚酰胺(PA)黏合衬

特点是价高,耐干洗极好,不耐热水洗涤,黏合强度高,弹性、悬垂性优良,低温手感柔软,热压温度在100℃～120℃左右,涂层量较低。适用于耐干洗的高档服装,耐久性好,低溶点聚酰胺适于毛皮、丝绸面料的黏合,用家用电烫斗在95℃～120℃即可使衬布与面料牢固黏合。

3. 聚酯黏合衬(PET)

由于共聚酰胺热熔胶对涤纶织物的黏合强度较低,耐水洗性能较差,因此,人们用聚酯来克服上述存在的问题。其特点是价格低廉,黏合强度适中(对涤纶织物较好),具有中等程度耐水洗、耐干洗性、热压温度为120℃～140℃,手感较好。适用于外衣黏合衬,也可用于衬衫黏合衬,特别适用于女装以及涤纶长丝织物的衣料。

4. 聚氯乙烯(PCV)黏合衬

有很好的黏合强度和耐洗性能,但手感较差,目前主要用作雨衣黏合衬。

5. 聚乙烯醋酸乙烯(EVA)及其他化物(EVAL)

特点是价格适中,黏合性较好,手感柔软,EVA耐水洗较差,压烫温度为100℃左右,EVAL耐水洗性较好,压烫温度为120℃～150℃,适用于皮革、裘皮、鞋帽和装饰用衬,以及对热敏感的织物用衬,EVAL可用于真丝面料,应用较广。

黏合衬主要依据基布和黏着树脂分类,除上述之外,还可以分为完全黏着类型和临时黏着类型,在黏着前,应用剩布试黏,并检查黏着力、有无污迹、手感、收缩、变色以及垫布等。

完全黏着类型和临时黏着类型的主要特征见表4-4-1。

表4-4-1　黏合衬黏着类型及特征

	基布	黏着树脂	特　征
完全黏着类型	织布 非织造布 编织质地	聚酯类 聚氯乙烯类	具有强黏着力(1 kg剥离测试合格) 用于部分黏着、全面黏着 反复干洗或水洗后,仍可保持黏着力
临时黏着类型	织布 非织造布 编织质地	聚酯类 乙酸乙烯类	黏着力弱,洗涤后常脱落 用于部分黏着 目的在于使缝制工作简单化或缝制柔软 用缉缝或明线固定

二、黏合衬布的黏合过程(图4-4-3)

衬布与面料的黏合过程实际上时热熔胶与纤维的黏合过程,整个过程可分为三个阶段。

1. 升温阶段

此阶段热熔胶受热逐渐由玻璃态变成高弹态直至熔融为黏流态,黏流态为液态,此时热熔胶具有较好的流动性能,这样就使衬布有可能与面料进行黏合。

2. 黏合阶段

热熔胶在熔融为黏流态后,就浸润纤维表面并吸附在纤维表面上,此时,在一定的压力条件下热熔胶和纤维之间就会相互扩散,形成扩散层界面,黏合衬布与面料发生黏合。

3. 固化阶段

压烫结束后,温度和压力都被撤除,热熔胶冷却又重新固化,并与纤维之间形成黏合键,这样就使衬布与面料黏接在一起。

在工业化生产过程中,一般采用黏合机完成整个黏合过程,在黏合前应控制好面辅料所承受的温度。

图4-4-3　黏合过程

三、工艺参数

黏合衬布黏合加工工艺参数主要有三个:温度、压力和时间。衬布与面料的热熔胶黏合通常是在压烫机上进行的,压烫工艺参数主要决定于衬布上热熔胶的种类和性能,面料及压烫设备对其也有一定的影响。

1. 温度

黏合衬布上的热熔胶随温度的增加而变化,温度越高其流动性能越好,越有利于热熔胶对纤维的渗透。当温度的升高不足以使其充分熔融时,黏合衬布就不会与面料很好地黏合在一起。但过高的温度热熔胶的流动性能太好,致使热熔胶从纤维中渗透出来,产生渗胶现象,这样,不但降低了剥离强度,而起会造成面料的玷污,使面料的手感变硬、粗糙。因此黏合衬布在与面料进行压烫黏合时,有一个最佳的温度,称其为黏胶温度,当压烫温度低于或高于黏胶温度,黏合衬布的剥离强度都会下降。

2. 压力

当热熔胶升温熔融时,对黏合衬布施加一定的压力,将有助于衬布与面料贴紧,减少热熔胶与面料纤维间的空隙,便于热量的传导,有利于热熔胶的熔融、渗透和扩散。随着压力的提高,黏合衬布的剥离强度也会相应提高,但其影响不如温度的影响明显,且压力达到一定值后对剥离强度不再有影响。过大的压力还会影响面料的手感并可能产生极光现象。

3. 时间

黏合衬布的压烫时间指黏合的前两个阶段所需的时间之和,它不包括压烫后的冷却固定时间,但这并不是说黏合衬布的压烫不需要冷却时间,恰恰是黏合衬布的压烫定型是在冷却中实现的。根据黏合衬布的黏合机理,延长黏合时间可使热熔胶充分地湿润并扩散到纤维空隙中去,有利于剥离强度的提高。但压烫时间过长会影响工效,并可能会产生渗胶现象。

黏合衬布的黏合参数之间是相互联系、相互影响的,提高压烫温度可缩短升温时间和黏合时间,同样的,增大压烫压力也可缩短黏合衬布的压烫时间。各种黏合衬布的工艺参数见表4-4-2。

表4-4-2 各种黏合衬参考压烫条件

应用范围	平板压烫条件			蒸汽复合压烫	手熨斗压烫
	温度/℃	压力/N	时间/s		
男外衣	150~170	0.3~0.5	15~20	可	差
女外衣	140~160	0.3~0.5	15~20	可	可
女衬衣	130~160	0.3~0.5	10~20	差	可
男女衬衣	140~160	0.3~0.5	10~16	差	差
男衬衣	160~170	3~4.0	10~15	—	—
服装小件	120~140	0.6~1.2	10~15	可	好

除以上各方面工艺参数外,不同服装面料在选择黏合衬布时,还应注意面料和衬布之间的缩水率和热缩率相接近,还应了解面料纤维的特性和组织结构,本书已在第二章详述,特在此不再赘述。

思考题

根据不同款式服装,选择合理铺料、排料画样方法,并独立完成裁剪工作。

第五章　服装缝制工艺

第一节　缝制的常用工具

一、裁剪工具

1. 裁剪台

裁剪台是服装设计者专用的桌子，一般是在制板和裁剪单件布料时使用，又称制样衣台面。桌面需平坦，不能有接缝，大小以长 120～140 cm，宽 90 cm 为宜，高度应在使用者臀围线下 4 cm 处（一般为 75～80 cm），如图 5-1-1 所示。总之，工作台要有能充分容纳一张整开卡片纸（或白板纸）的面积，以使用者能够运用自如为原则。

图 5-1-1　裁剪台

2. 剪刀

裁剪时，应选择裁剪缝纫专用的剪刀，它是裁剪师必备的工具，有 24 cm(9 in)、28 cm(11 in) 和 30 cm(12 in) 等几种规格。剪纸和剪布的剪刀要分开使用，特别是剪布料的剪刀要专用。

（1）裁剪剪刀

剪裁纸样或衣料的工具，因为纸张对剪刀刀口有损伤，所以应准备两把，一把专用于剪纸，一把专用于剪布。另外还可准备一把小剪刀用于小部件或缩小比例的绘图，如图5-1-2(a)所示。

（2）花齿剪

刀口呈锯齿形，主要将布边剪成锯齿状，留作布样，如图5-1-2(b)。

（a）裁剪剪刀 　　　　　　　　　　　　　（b）花齿剪

图5-1-2 剪刀

3. 纱剪

用于清剪缝纫线头，如图5-1-3所示。

4. 隐形划粉

又名气化性划粉、画粉，具有自动消失或熨烫后马上消失的特性，主要起临时标识的作用，如图5-1-4所示。在制作春夏或高档服装时，常将生活用肥皂压扁平制成划粉形状，来代替划粉，更易于消失、不易留痕。

图5-1-3 纱剪 　　　　　　　　　　　　　图5-1-4 划粉

二、缝制工具

1. 缝纫机

缝纫机的种类很多，按照用途可分为家用、工业用、服务性行业用机器；按驱动形式还可以分为手摇缝纫机、脚踏缝纫机、电动缝纫机。我们这里研究的主要是工业缝纫机，在实际工作中缝纫机的名称大多以针线数、线迹形式、自动化程度等综合命名，如：全自动电脑缝纫机、平缝机，如图5-1-5所示。

（a）全自动电脑平缝机 　　　　　　　　　（b）普通平缝机

图5-1-5 缝纫机

2. 包缝机

也称打边车、及骨车,一般分三线、四线、五线,主要功能是防止缝份脱散、起毛。除此之外,包缝机不仅能够用于包边,还可缝合 T 恤、运动服、内衣、针织衫等。

单线包缝为单针一线线迹,主要用来缝制毯子边;双线包缝为单针双线线迹,主要用来缝制弹性大的部位,如弹力衫底边的缝制;三线包缝为单针三线线迹,是普通针织服装常用线迹,特别是一些档次不高的服装衣片的缝合,如图 5-1-6(a)所示;四线包缝是双针四线线迹,用于档次较高服装的衣片缝合或受拉伸较多、摩擦较强的部位,如合肩合袖等,特别是外衣的缝制,如图 5-1-6(b)所示;五线包缝是双针五线线迹,常用于外衣和补整内衣的缝制。

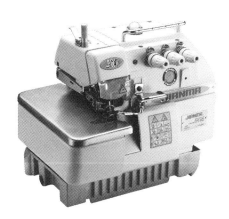

(a) 三线包缝机　　　　　　　　　　　　(b) 四线包缝机

图 5-1-6　包缝机

3. 绷缝机

也称为特种缝纫机,可用于针织服装的滚领、滚边、摺边、绷缝、拼接缝和饰边等。在西装的制作过程中,局部的绷缝更有助于服装的制作以及定型,如驳头、坐领部位,如图 5-1-7 所示。

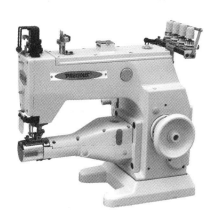
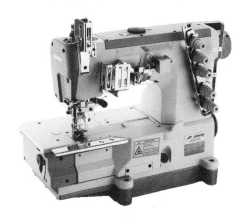

图 5-1-7　绷缝机

4. 锁眼机

锁眼机是服装机械中非常重要的一种设备,主要用于制作各类服饰的纽孔,主要包括平头锁眼机和圆头锁眼机两种。

圆头锁眼机是一种专用于缝锁中厚料服装纽孔的工业缝纫机,所谓"圆头"是指纽孔前端呈圆形,这种锁眼机主要适用于男士西服、西裤、女士外套,如图 5-1-8 所示。平头锁眼机则主要用于缝锁各种中厚型的针织、棉布、呢绒等面料的纽孔。

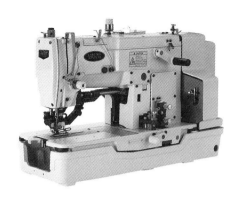

图 5-1-8 锁眼机

5. 黏合机

主要用于面料与黏合衬等的黏合,如图 5-1-9 所示。

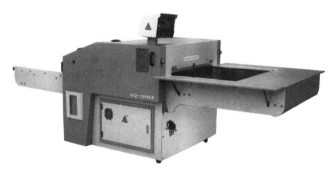

图 5-1-9 黏合机

6. 机针

又称缝针、车针,是缝纫机的重要组成附件。机针的种类繁多,选用时主要根据缝纫机型号规格和缝制面料的性质来决定,如图 5-1-10 所示。

7. 顶针

通常是由金属或塑料做成的环形指套,表面有密麻的凹痕,在将缝针顶过衣料时用以保护手指,主要用于手工缝纫,如图 5-1-11 所示。

图 5-1-10 机针   **图 5-1-11 顶针**

8. 拆线器

用于拆缝纫线迹,如图 5-1-12 所示。

9. 梭壳、梭芯

梭芯用于是卷底线,梭壳和梭芯配套使用,主要包括家用和工业用两种,如图 5-1-13 所示。

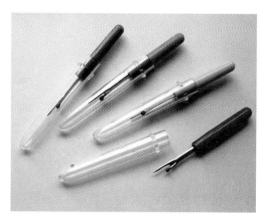

图 5 - 1 - 12　拆线器

图 5 - 1 - 13　梭壳、梭芯

10. 钩针

用于翻转布袢,如图 5 - 1 - 14 所示。

11. 镊子

用于拔去线记号、线迹,需闭合整齐无缝,具有弹性为上品,如图 5 - 1 - 15 所示。

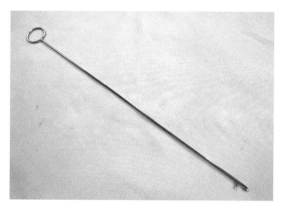

图 5 - 1 - 14　钩针

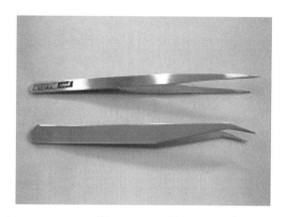

图 5 - 1 - 15　镊子

三、缝纫线

(一) 缝纫线的分类

缝纫线是用于缝合各种服装材料的重要辅料,兼有实用与装饰双重功能。缝纫线质量的好坏,不仅影响缝纫效率及加工成本,也影响成品服装的外观质量。服装用缝纫线,按原料通常分为天然纤维缝纫线、合成纤维缝纫线及混合缝纫线三大类。

1. 天然纤维缝纫线

(1) 棉缝纫线。以棉纤维为原料经炼漂、上浆、打蜡等工序制成的缝纫线,可分为无光线(或软线)、丝光线(图 5 - 1 - 16)和蜡光线。棉缝纫线强度较高,耐热性好,适于高速缝纫与耐久压烫,主要用于棉织物、皮革及高温熨烫衣物的缝纫,在西装绷缝时多运用棉线,缺点是弹性与耐磨性较差。在锁扣眼时多选用丝光线,耐磨、美观。

(2) 蚕丝线。用天然蚕丝制成的长丝线或绢丝线,有极好的光泽,其强度、弹性和耐磨性能均优于棉线,适于缝制各类丝绸服装、高档呢绒服装、毛皮与皮革服装等。

图 5-1-16　丝光线

图 5-1-17　涤纶缝纫线

2. 合成纤维缝纫线

(1) 涤纶缝纫线。这是目前用得最多、最普及的缝纫线,以涤纶长丝或短纤维为原料制成(图 5-1-17)。涤纶缝纫线具有强度高、弹性好、耐磨、缩水率低、化学稳定性好的特点,主要用于牛仔、运动装、毛料服装及军服等的缝制,本次成衣制作也采用此种缝纫线。涤纶缝线熔点低,在高速缝纫时易熔融,堵塞针眼,导致缝线断裂,故需选用合适的机针。

(2) 锦纶缝纫线。锦纶缝纫线由纯锦纶复丝制造而成,分长丝线、短纤维线和弹力变形线三种,目前主要品种是锦纶长丝线,由于它的延伸度大、弹性好,适合缝制化纤、呢绒、皮革及弹力等服装。锦纶缝纫线最大的优势在于透明,着色性较好,因此降低了缝纫配线的困难,发展前景广阔。但由于目前市场上的锦纶缝纫线的刚度太大,强度太低,线迹易浮于织物表面,加之不耐高温,所以要求缝制时缝速不能过高,目前主要用作贴花、扦边等不易受力的部位。

3. 混合缝纫线

(1) 涤/棉缝纫线。采用 65% 的涤纶和 35% 的棉混纺而成,兼有涤、棉两者的优点。涤/棉缝纫线既能保证强度、耐磨、缩水率的要求,又能克服涤纶不耐热的缺陷,适应高速缝纫,可用于全棉、涤/棉等各类服装。

(2) 包芯缝纫线。以长丝为芯,外包覆天然纤维而制得的缝纫线。包芯缝纫线的强度取决于芯线,而耐磨与耐热取决于外包纱。因此,包芯缝纫线适合于高速缝纫,以及需要较高缝纫牢固的服装。

(二) 缝纫线的选用

缝纫线用于缝合各种服装材料,具有实用与装饰双重功能。当缝纫机出现跳线、断线等问题时,往往都是因为选用不合适的针线造成的,缝线质量的好坏,不仅影响缝纫效果及加工成本,也影响成品外观质量,并直接制约服装最后的整体效果及销售。选择缝纫线时,可以从以下几个方面考虑:

1. 与面料特性协调

缝纫线与面料的原料相同或相近,才能保证其收缩率、耐热性、耐磨性、耐用性等的统一,避免线、面料间的差异而引起外观皱缩。一般质地柔软、轻薄的面料选用细线,并配以小号机针。反之,硬挺、厚实的面料则选用粗线,配以大号机针。

2. 与服装种类一致

对于特殊用途的服装,应考虑特殊功能的缝纫线,如弹力服装需用弹力缝纫线,消防服需用经过耐热、阻燃和防水处理的缝纫线。

3. 与线迹形态吻合

针对服装不同部位所用的缝纫线各不相同,如包缝(或绷缝)选用细棉线,面料不易变形和起皱,手感也更为舒适。双线线迹应选择延伸性大的缝线。裆缝、肩缝线应选择坚牢的缝线,而扣眼线则需选择耐磨性较强的缝线。

(三)缝纫线迹

当缝纫机机针每次穿过面料时,由一根或多根缝线自连、互连或交织在面料上而形成的一个个单元,称之为缝纫线迹。

自连是缝纫时机针缝线的一个线环穿入,其缝线本身形成的前面一个线环的连结方法;互连是缝纫时,先由弯针缝线穿入由机针穿过面料后机针缝线所形成的线环,再由机针在面料被送过后,再次穿过面料时弯针缝线所形成线环的连结方法;交织是缝纫时缝纫线首先穿入机针,在穿过面料后机针缝线所形成线环的连结方法。按照线迹所呈现形式的不同,主要可以分为链式线迹、单线链式线迹、多线链式线迹、绷缝线迹、包缝线迹、组合线迹,见表 5-1-1。

表 5-1-1 缝纫线迹

线迹类型	线迹图	形成方式	特点	应用范围
锁式线迹		针线和锁线按交织方式形成。	结构简单、牢固、不易脱散;伸缩性较差。	平头锁眼机、GC 平缝机,当前各服装厂使用最为广泛的线迹。
多线链式线迹		由两根或多根缝线在面料中往复穿插形成。	用线量较多,伸缩性较好,有一定的耐磨性,不易脱散。	针织服装、机织面料服装。
仿手工线迹		由一根线穿过面料而形成。	简易方便、易于拆除。	固定服装面、里用镴针,临时针法。
包缝线迹		由一根、两根或多根缝线相互循环穿套在面料边缘而形成。	伸缩性较好,能有效预防面料边缘脱散。	衣片边缘的包边处理。
绷缝线迹		由两根或多根面线与一根底线相互穿插而成,并在表面有若干根装饰线。	线迹平整、拉伸性较好,美化线迹外观。	针织女衫的领、袖边、拼接、装饰。

第二节 女西服的推、归、拔工艺

服装的推、归、拔是塑造服装立体造型的传统工艺,现代化服装生产工艺虽然可以采取一定的衣片结构和先进的整烫设备来完成,但传统的推、归、拔工艺仍是一种很好的造型手段。推、归、拔工艺在高档服装的制作过程中所起的作用更为显著,高档服装效果的优劣主要取决于"推、归、拔"工艺技能水平的高低,若把握不准确,会直接影响服装外形美观、穿着舒适程度以及塑形效果。

一、推、归、拔的要求

推、归、拔过程是一个动态的造型过程,在这个过程中要特别注意推、归、拔部位面料的纱向,使部位与部位之间的过渡协调,这一系列的动作要迅速稳健,从而确保面料的纱向不乱,达到最终的造型目的。在一般情况下,针对不同的服装款式及服装的不同部位来说,什么时候该推,什么时候该归,什么时候该拔,还要根据以下几方面因素来确定:

1. 了解人体结构

由于人体表面是一个复杂的立体曲面,要使面料能够符合人体曲线特征,必须采取一定的省缝结构,然而省道过多,会影响服装的外观结构。在省缝结构的基础上,结合推、归、拔工艺,使平面面料制作出各种符合人体结构特征的服装成为必然。因此,在开展推、归、拔工艺前对人体结构特征有基本的了解也成为前提。

2. 了解面料性质

不同面料其特性与缝制要求等千差万别,同时,并非所有的面料都适合使用推、归、拔工艺,伸缩性较小的面料往往不宜采用推、归、拔,即使是伸缩性好的面料,推、归、拔时一定要力度均匀,不能过分用力,否则极易损坏织物强度及其物理性能。

3. 服装造型及结构要求

服装造型及特点是决定推、归、拔工艺是否采用及运用程度的关键,通常情况下,服装造型宽松的服装不会运用推、归、拔工艺,相反修身合体的服装,如西装等,往往需要较复杂的推、归、拔工艺及省缝设计,推、归、拔工艺也是影响服装造型的关键因素。

针对不同造型、不同款式的服装,具体实施的推、归、拔工艺各不相同,对造型要求较高的女西服上衣来讲,推、归、拔是整个制作过程的关键,在具体的制作过程中,还应注意以下几点:

(1) 熨烫归拔后必须将面料冷却,使其结构恢复较紧状态,此过程必须经过2~3次重复操作。

(2) 在归拔衣片时,需将左右两衣片对称放平,确保面料丝缕顺直、平服。

(3) 前后腰吸自然,胸部胖势均匀,肩胛处微突,肩外端略翘。

二、推、归、拔的方法

(一) 推

推,即推移,是将衣片某一部位的胖势按照预定方向进行推动、转移。推,其实就是在归拔的过程中,运用推移变位的熨烫技法,根据服装造型及人体需要边归边推或边拔边推,将某一部位的胖势推到一定的位置上,从而实现最终塑形的目的。

(二) 归

归,也就是归拢之意,即把衣片某一部位归烫缩短。在进行归烫时,应先在面料表面喷洒水花,适量

即可,再一手握熨斗,一手将待归拢部位的衣片推进,同时,熨斗进行弧线运动。经过归拢熨烫后,主要可以获得两方面效果:

1. 对衣片某些部位的外凸弧线进行归烫,可以形成外直、里凹的隆起弧面塑形。例如:西装上衣的"撇胸"外凸弧线进行归烫,即可以将外凸弧线部位的经向丝缕进行归烫,将弧线归为直线,又可以靠近胸高点部位,将没有归缩熨烫、丝缕相对较长的胖势,归烫至胸部,从而形成胸部造型隆起的归烫效果。

2. 对衣片某些部位进行归烫,可以使这些部位面料的纤维丝缕收缩,密度加大,面料褶皱等凹凸不平的弊病消失,达到归尽熨直的目的。

(三) 拔

拔,即拔开之意,是将衣片某一部位按照预想目标延展、伸长。拔的手法和归相似,只是归是强调将面料胖势归拢熨烫,而拔则是拔开熨烫。经过拔烫后,面料也可得到两种塑形效果。

1. 把预定部位织物纤维的经向丝缕拔开、伸长,略微改变其经纱、纬纱的方向,使其产生适当的胖势。如:胸部、臀部、肩部等部位都需要拔烫工艺辅助塑形。

2. 对内凹弧线由外边做倒弧形运行的拔烫,并加力拔伸逐渐向里推归熨烫,一方面可以使外侧凹弧边线的经向丝缕延伸变直,另一方面,使里侧的纬向丝缕缩短平服,从而形成纵向的外直中凹,塑造出中腰的曲线造型,如上衣腰部曲线的拔烫塑形。

随着科技的发展,缝制技术的改进,新型面料、辅料的不断应用,对于服装的推、归、拔工艺也提出更高要求,只有在实践中逐渐磨合,才能不断提升推、归、拔工艺的运用能力。三者在应用过程中既有区别,又有联系,有推必有拔和归,有拔必有归和推,有归必有推和拔,三者紧密联系,相辅相成。

三、女西服上衣推、归、拔的主要部位

西服的推、归、拔处理,在整个制作过程中起着重要作用,服装定型在很大程度上主要靠推、归、拔工艺来完成。由于在第五章第三节详细讲解了此部分工艺,故在此特不赘述,简单讲解需推、归、拔的几个部位。

1. 前衣片归拔

归拔前衣片时需注意:前身门襟止口丝缕应顺直;下摆底边归拢,摆缝从腰节以下归拢,向大袋推进,腰节推直,胸部胖势圆顺,做到门襟顺直,胸部丰满,衣服挺括为原则。

2. 烫衬

烫衬时应注意衬布上下要匀称,胸部饱满有弹性,胸部胖势分散圆顺,基点要大。

3. 后衣片归拔

归拔后衣片时应注意:背缝归直,背部肩胛骨隆起;中腰里归外拔,腰部自然;上摆侧缝略归,臀部推直,袖笼归拔量左右对称;肩部横丝推落,外肩伸直,里肩归拢,左右效果对称。

4. 袖片归拔

袖片归拔相对较简单,在归拔过程中主要注意:为了确保整个袖子的圆顺,避免下部袖口处底袖外翻,当偏袖袖肘弯度拔开后,应将上下部位再归进去。

5. 归贴边

贴边归烫比较简单,归烫时,应将驳头处外口丝缕向外推出,里口归拢,使之与大身基本符合。覆贴边以后,应注意烫好贴边吃势,以确保其宽紧适宜。

第三节　成衣缝制步骤

一、女西服的工艺流程

在大规模的工业化生产中,工艺流程图作为流水线生产安排的基础资料占有重要作用。工艺流程图就是将所制作服装从最基础的衣片到组织为成衣产品的全部过程,即把加工工艺顺序、方法等用图示的方法一目了然地表达出来。

（一）工艺图示符号

为了清楚地表达每道加工工序,一般用国际通用的一系列符号来表示工艺流程图,见表5-3-1。

表5-3-1　工艺图示符号表

符号	说明	符号	说明
○	平缝作业	▽	裁片或半成品停滞
●	黏衬	□	数量检验
◎	手工作业或手工熨烫	◇	质量检验
⊛	特殊机种	△	完成

记号	说明	记号	说明
LS2	单针自动切线平缝机	P	黏衬作业
LS2	单针线机	I	熨烫作业
LS5	单针平缝上袖机	H	手工作业
LS5	单针平缝上垫肩机	T	特殊机种作业

一个加工工序的图示方法,如图5-3-1所示。

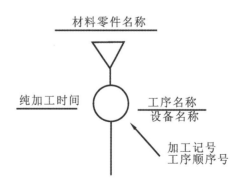

图5-3-1　加工工序图示方法

工艺流程示意图是由基本线和分线组成,基本线为工艺流程图的主干线,一般以成衣的主要部件为主体而形成,如上衣的前片加工、裤子的前片加工等,分支线则由非主要部件组成。

（二）女西服上衣工艺流程图

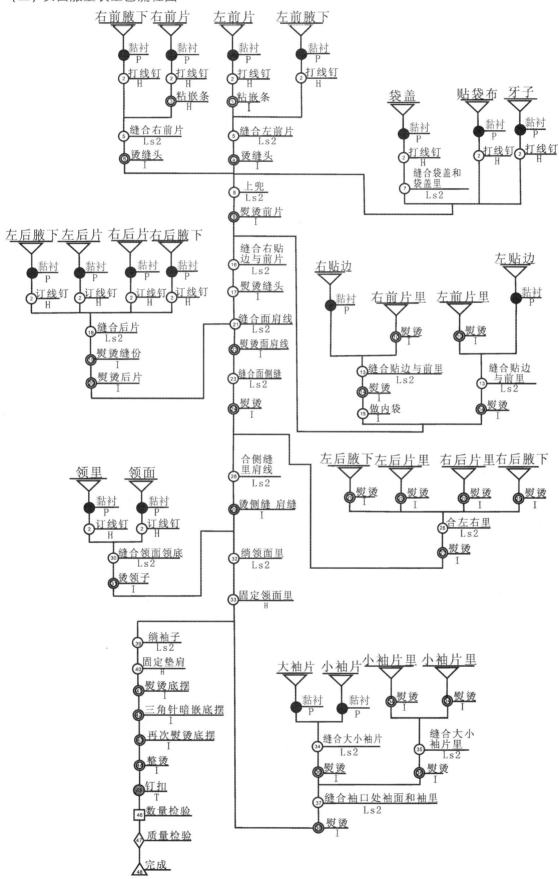

图 5 - 3 - 2　女西服上衣工艺流程图

二、女西服的缝制步骤和方法

（一）整理裁片、打线钉、黏衬

1. 整理裁片

在整个缝制工作开始之前，应先进行最基础的裁片整理。裁片整理主要包括所有裁片的数量检查以及质量检验，其中，数量的检查又包括对面料部件、衬里部件以及辅料的数量进行核查，避免遗漏。以下为制作女西服上衣所需整理的裁片名称及数量，见表5-3-2、表5-3-3所示。

表5-3-2　女西服上衣部件

名称	前片	前侧片	后片	后侧片	大袖片	小袖片	领面	领里	袋盖	嵌条	贴边
数量	2	2	2	2	2	2	1	1	2	4	2

表5-3-3　女西服上衣衬里部件

名称	前片里	前侧片里	后片里	后侧片里	大袖里	小袖里	垫袋布
数量	2	2	2	2	2	2	2

缝制是整个成衣加工过程中技术最复杂、也较为重要的一个环节，在工业化大生产和个人操作过程中，整个裁剪工艺过程都会对裁片质量直接产生影响，因此，为确保裁片品质及缝制过程的顺利，对于裁片的整理与检验也相当重要。

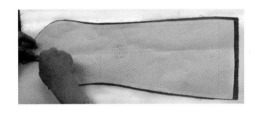

图5-3-3　检查裁片与样板

验片是对裁片质量的检查，目的是将不合质量要求的衣片及时查出并进行更换，避免不良衣片流入缝制工序，影响生产的顺利进行，出现不良品。针对单量单裁服装，其验片的内容和主要方法主要有以下几点：

（1）裁片与样板相比，检查各裁片是否与样板的尺寸、形状一致（图5-3-3），若出现差异，应尽快更换裁片。

（2）检查刀眼、定位孔位置是否准确、清楚，有无漏剪。

（3）针对有图案或装饰纹理较强的面料，应检查左右裁片的纹理或图案是否一致（图5-3-4），避免制成后出现左右衣片图案衔接不一，从而影响成衣外观效果。

（4）检查裁片边际是否光滑圆顺，后衣片对折是否对称，前衣片两片大小是否一致，如图5-3-5所示。

图5-3-4　对条纹

图5-3-5　检查两衣片尺寸

裁片检验一定要严把质量关，检验完毕后，对不合格的裁片，能修补的应及时修补，不能修补的则要对色进行补裁。

2. 打线钉

通常情况下，在打线钉时会选择双股棉纱线，用一长两短的针法进行。需黏衬的部位，会在打上线钉后将反面线头修短，以防黏衬后难以清除，影响服装外观的平整，当然，也可先黏衬后打线钉。

打线钉的部位：

（1）前片。驳口线、眼位、叠门线、袋位线、腰节对位点、臀围对位点、底边线，如图5-3-6所示。

（2）后片。背中线、腰节对位点、臀围对位点、底边线，如图5-3-7所示。

（3）袖片。袖中线、袖肘线、袖贴边线，如图5-3-8所示。

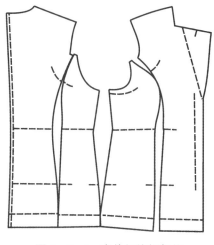
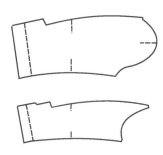

图5-3-6　衣片打线钉部位　　　　　图5-3-7　袖片打线钉部位

3. 黏衬

（1）黏合部位

前片全部、侧片全部、贴边全部、领面、袋口，黏合衬丝缕同大身，贴边驳头外口为直丝，如图5-3-8。

（a）前片黏衬

（b）侧片黏衬

（c）贴边黏衬

（d）领面黏衬

图5-3-8　黏衬

（2）黏合方法

将衣片反面朝上放平，黏合裁片黏胶粒面朝下，对齐叠合。由于黏合衬存在热缩等原因，可将黏合衬适当放松一点进去，熨斗从衣片中间向两侧和上下逐步扩展。熨烫驳头部位时，可将驳头置于布馒头上，由此可以得到更好的曲线效果，更加符合人体需求。熨烫时，熨斗温度可略高一点，以保证面与衬更好地贴合，但温度不宜过高，否则会对面料产生损害，出现烫黄、烫焦的现象。为保证熨烫后的质量与效果，烫完后应等面料冷却后再移动。为确保黏合效果并避免不必要的浪费，可先用废弃面料、衬料做实验,以确定合适的熨烫温度和时间。

(二)衣片的缝合与归拔

1. 分割缝合组合

将前衣片与前侧片正面结合,侧片在下,边沿对齐、摆正,腰节剪口对准,自底边往上以 0.9 cm 缝份缝合。缝合时应注意上下两衣片松紧一致,弧线缝合圆顺,再以同样方法缝合后片、袖里(图 5-3-9)。

图 5-3-9 分割缝合组合

针对有条纹等其他图案的面料,在缝合过程中应时刻检查上下两衣片是否完全对称,外露面料距离是否一致,如图 5-3-10 所示。若两衣片缝合位置存在误差,缝合后左右两衣片的衣纹将无法对称衔接,从而影响服装的外观美。

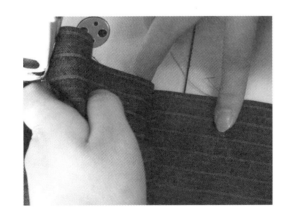

图 5-3-10 对条纹

在缝合前应注意,若女西服上衣设有里怀袋,应在缝合前衣片与前侧面时,将绱里怀袋的位置留出,通常情况下,约留 13.5～14 cm 的线距(图 5-3-11(a)),缝线至袋口位置时应打回针,防止线迹脱散。车缝过程中,面料的紧松程度要控制好,过松或过紧将直接影响里袋的服帖效果与服装胸部造型。

同样,在缝合袖片衬里时也要注意留缝口,约 10～15 cm,方便服装最后的翻整,最后可选用与里料同色系、同质地的手缝线牵缝此口。

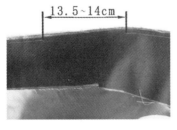

(a)里怀袋位置　　　　　　　　　　　(b)留缝翻整位置

图 5-3-11 留缝口

在衣片初步缝合后,应检查合拢后的两衣片是否贴合,面料条纹是否垂顺,最简单有效的检验方法即将合拢后衣片拎起,使其自然垂直,检查两衣片底边是否在一条直线、面料条纹是否顺直以及缝合边缝是否平整即可,如图5-3-12所示。

图5-3-12　检验缝合效果

2. 敷牵条

由于衣身的领口、袖窿等处在熨烫和推拔过程中都极易走形,为使前后袖窿更加贴体,所以必须在整烫工作开始前敷牵条。在压牵条前,要将缝份分开,便于后面的整烫,牵条为经向,黏在距边0.3 cm处,袖窿处牵条为0.7 cm或0.5 cm,领口处牵条宽度多为1 cm,为使牵条在缝合过程中更为圆顺,贴合面料,可在弧线、转弯处打剪口,如图5-3-13所示。

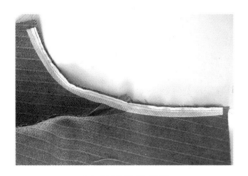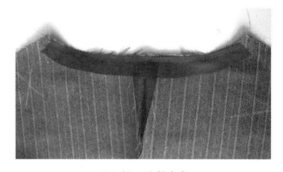

（a）袖窿处敷牵条　　　　　　　　　　　（b）领口处敷牵条

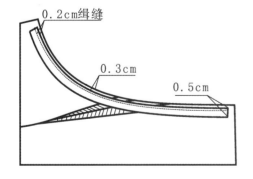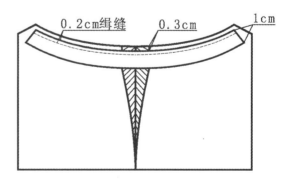

图5-3-13　敷牵条

3. 衣片归拔

推、归、拔工艺是服装造型的重要手段,利用推、归、拔工艺可以使服装造型更好地符合人体曲线的形状要求。由于西服衣身黏有纺衬,对熨烫温度有一定要求,所以,无论归拔还是熨烫都应注意温度调节,否则很容易造成衬布黏合不服帖或起皱等现象。西服在熨烫归拔前,应先了解衣片同人体及人体动态的关系。

(1)归拔前片

图 5-3-14 分烫缝份

① 分烫缝份。熨斗应先从袖窿处沿缝份往下熨烫,将缝份分开熨平,如图 5-3-14 所示。熨烫时应考虑到衣片的归拔,在腰节处应拉伸熨烫,在胸部等圆弧处则要归拢熨烫。

② 归拔。通常来讲,在归拔前片时主要集中在胸部、驳头、袖窿、肩缝及腰节几个部位。胸部、驳头外口中段、驳口线中段、袖窿及肩缝要归拢烫,侧缝腰节处要拔出。

a. 推胸拔腰:归拔胸部及腰节处时要考虑到与后片的衔接,归拔量过多或过少将直接影响与后片的缝合。同时,受人体曲线的影响,归拔后衣片的弧线形应更为明显,胸部的自然余量也更明显。归拔时,将侧缝靠近身体,底边与臀围处丝缕归拢,腰节处拔出,腰部吸余量延至腋下省与胸省的 1/2 处,袖窿处的直丝向胸部推进约 0.3 cm,熨烫时沿胸部外形呈圆弧势熨烫。

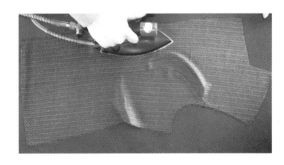
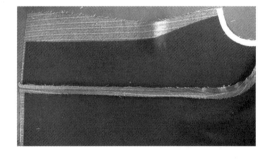

图 5-3-15 归胸拔腰

b. 归拔肩部:归拔时,应将衣片肩部靠近身体,烫前横开领向肩部外侧抹出 0.3 cm,领口斜丝略归,将肩头的横丝向下推,外肩点横丝上翘,肩缝产生回势。肩部熨烫归拔后将更符合人体肩部造型,归拔后的肩缝 B 线应比归拔前 A 线归进 0.3 cm,肩斜线略呈弧线状,如图 5-3-16(d)所示。

(a)肩缝归拔前   (b)肩缝归拢

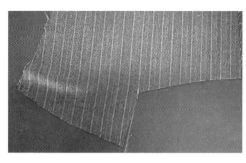

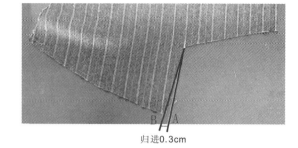

归进0.3cm

（c）肩缝归拔后　　　　　　　　　　　　（d）肩缝归拔后

图 5‑3‑16　归拔肩部

　　c. 整烫门襟：在熨烫门襟止口部位时，应将止口靠近身体一侧，熨斗在驳头处归拢，在前腰节处拔出，门襟止口向底边伸长，前止口线保持顺直，丝缕烫平烫挺。

　　d. 归烫底边：底边靠近身体，由底边向袋口方向归烫，至丝缕顺直即可。

　　经过以上工序，前片的熨烫、归拔工艺基本完成，以下为前片归拔前后的整体效果对照（图 5‑3‑17（a、b）），同时，应检查前片正面衣纹是否顺直，衣片表面是否存在污迹等（图 5‑3‑17(c)）。

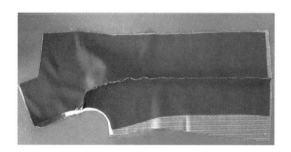

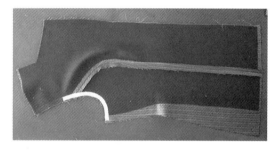

（a）归拔前　　　　　　　　　　　　　　　　（b）归拔后

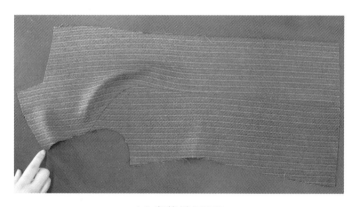

（c）归拔后（正面）

图 5‑3‑17　前片归拔后效果

（2）归拔后片

① 分烫缝份。后片归拔步骤与前片相似，归拔前应先整理衣片，分烫缝份。

② 归拔

　　a. 调节后领窝弧度，呈适当弧状，可将后领窝中点两衣片连接处适当向后中缝（往下 10 cm 左右）归拢，如图 5‑3‑18 所示。

　　b. 将衣片靠近身体放平，熨斗从肩部开始，肩胛处拔开，左手拉腰节丝缕，将腰节向外拉伸，在拔烫腰节的同时，将袖窿处及袖窿下 10 cm 处归拔，使后背袖窿产生翘势，后腰节吸余量至腰节 1/2 处，腰节以下熨烫平顺即可，如图 5‑3‑19 所示。

图 5-3-18　归拔领窝及后中缝

（a）拔烫腰节　　　　　　　　　　　　　　　（b）腰节拔烫后

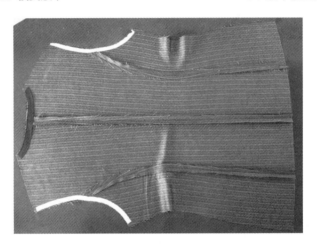

两衣片归拔前后对比

图 5-3-19　腰节部位归拔

后衣片在归拔完成后，可将两衣片对折，检查两边熨烫归拔量是否一致，两肩缝、侧缝弧度是否一致，如图 5-3-20（a）。对于有条纹或其他图案的面料，还应检查两肩缝处的纹路是否吻合一致，如图 5-3-20（b）。

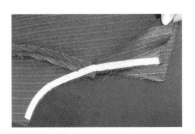

（a）检查肩缝、侧缝弧度　　　　　　　　　　（b）检查肩缝处纹路

图 5-3-20　归拔后检查部位

后片在熨烫归拔完成后,为防止拉伸变形,可先压底边衬定型。底边衬与后片同长,与后片下摆折边同宽,一般为 4 cm。(图 5－3－21)

(a) 敷底边衬 　　　　　　　　　　　　　(b) 底边定型

图 5－3－21　底边熨烫定型

(三) 敷牵条

首先,应用净样板画出驳头、止口、底边净缝线(图 5－3－22(a)),左右两片应对称一致。为准确的标注另一片的净缝线位置,可将两衣片完全重叠,用大头针等尖锐工具刺穿驳角与翻驳点,并在另一片相应位置做出标记即可(图 5－3－22(c、d))。

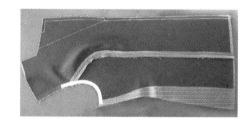 

(a) 画净缝线 　　　　　　　　　　　(b) 驳头净缝线

(c) 确定另一片净缝线位置① 　　　　　(d) 确定另一片净缝线位置②

图 5－3－22　画牵条线

其次,用宽为 1.2 cm 的直丝牵条沿净缝线内侧,自领口开始经驳头、止口、底边逐一将牵条黏牢,如图 5－3－23(a)所示。为获得外形弧度更好的领型,在黏烫过程中应注意,在驳头中段外口略紧,其余平敷;驳口线里侧 1 cm 处敷牵条,驳口线中段略紧。同时,考虑到驳头翻合需要,牵条在黏至翻驳点时应打一剪口利于驳头的定型,如图 5－3－23(b)所示。

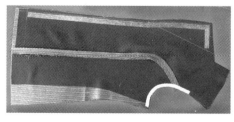 

(a) 敷牵条位置 　　　　　　　　　　　(b) 剪口位置

图 5－3－23　敷牵条

(四) 做袋

1. 里怀袋

(1) 倒烫缝头。熨烫前身贴边与里布,并倒向贴边。

(2) 做里怀袋。里怀袋形状一般为椭圆形,袋口长度根据具体款式而定,一般为13.5～14 cm,如图5-3-24(a)所示。

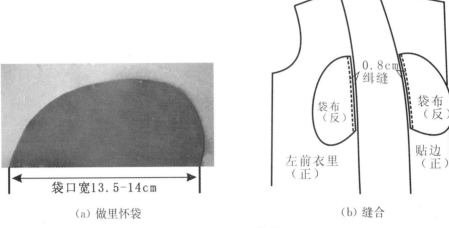

(a) 做里怀袋   (b) 缝合

图 5-3-24 里怀袋

(3) 缝合。把其中一片袋布面对里布背面重合放好并沿贴边对齐,注意上下的位置,按0.8 cm的缝份绲缝。再将另一片袋布与贴边对齐,位置与另一片袋布对齐,仍按0.8 cm缝份缝合,如图5-3-24(b)所示。

(4) 整合。将缝合后的两片袋布轻轻熨烫,缝头倒向贴边,再勾两片袋布的外围,封合袋布。在勾袋布外围时,应注意贴边与里布的缝头倒向,缝制开始时,应在袋布一端先打回针,留1 cm缝份,缝合完成时,在另一端再打回针加固,如图5-3-25(a)所示。最后,用熨斗翻整熨烫即可,里怀袋外口折1 mm折边,俗称"眼皮",如图5-3-25(b)所示。

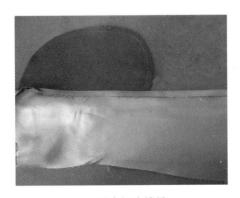 

(a) 缝合初步效果   (b) 缝合后外观效果

图 5-3-25 整合效果

2. 大袋

有袋盖的口袋要适应腹部的立体形状,线的使用、针距的大小以及明线的宽度与领外口、止口一致。

(1) 标注大袋位置

用刻度尺测量出大袋上线,下移1 cm,确定大袋下线,宽约13.5 cm,考虑到腹部特征,前后应起翘1 cm,如图5-3-26(a,b)所示,不同款式服装其起翘量各不相同。待左片(或右片)大袋位置确定后,应整体审核位置是否得当,并检查两衣片大袋位置是否完全对称,大小是否相同,如图5-3-26(c)所示,最后,再标出另一大袋的位置。

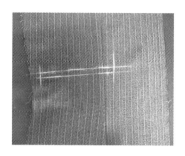

（a）确定大袋上线位置　　　　　　　　　（b）大袋位置

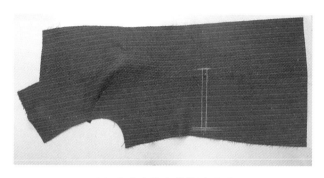

（c）左右衣片大袋位置对照

图 5-3-26　标注大袋位置

（2）做袋盖

根据袋盖净样裁剪两个口袋所使用的材料,净样长
13.5 cm,宽 5.5 cm,底边前后起翘约 1 cm,靠近腰节的口
袋线起翘 0.7 cm,如图 5-3-27,面料应按净样三边放缝
0.8 cm,上口放缝 1.3 cm 裁下,袋盖里与袋盖样比三边均
小 0.2 cm。裁剪时,袋盖要根据衣身所标注的口袋位置、
并按前中心线一侧的经纱方向进行裁剪。视不同情况,袋
布的长度可根据衣长和口袋位置具体调整。对于有条纹等
图案的面料来讲,应注意口袋纹路与衣身纹路的对合,若
由于起翘等原因不能完全对齐,只对齐靠近止口一侧图案
即可。

图 5-3-27　做袋盖

（3）缝制袋盖

将袋盖面、袋里的正面相合,确定起缝点,按净缝线兜缉三边,缉缝时袋角两侧适当拉紧里子,兜缉
完成后,翻转袋盖,驳挺止口,把袋盖熨烫服帖,如图 5-3-28 所示。整烫后的袋盖三边整齐,袋角圆
顺,有自然窝势,袋盖止口处里子应坐进 0.1 cm。

（a）对合袋盖面、里　　　　　　（b）兜缝　　　　　　　（c）兜缝

（d）兜缉后袋盖效果　　　　　　　　　（e）整烫后袋盖效果（正面）

图 5-3-28　缝制袋盖

（4）做嵌线袋

① 按袋盖净样画出袋盖上口净线，留 0.8 cm 缝头，将多余缝份清除，袋盖与衣片正面相合，袋盖上口净缝与袋位线对齐，准备缲袋盖。

② 参照衣片上所标注的袋盖位置，在衣片背面相应位置黏衬加以固定，如图 5-3-29 所示。

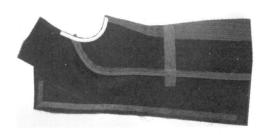

图 5-3-29　做嵌线袋

③ 用长 20 cm、宽 5 cm 的直丝面料做嵌线，反面黏烫薄衬，按 2 cm 宽扣熨烫顺直，对照已确定的大袋线位置及大袋宽度，离边 0.8 cm 处将嵌线缉上，两缉线间距为 0.8 cm，如图5-3-30所示。

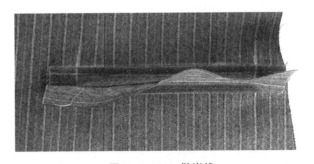

图 5-3-30　做嵌线

④ 在两缉线间将衣片居中剪开，离端点 0.8 cm 处剪成 Y 形，然后将嵌线与袋盖翻正烫平，如图 5-3-31所示。

 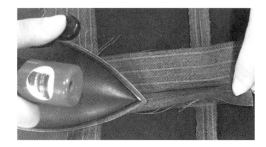

熨烫后效果：

图 5‑3‑31　牵线整理

⑤ 根据大袋的大小制作袋布(图 5‑3‑32)，并在嵌线下端拼接上袋布，将缉上垫头的下袋布置于袋盖下，翻转衣片上部，沿原缉线将下袋布与垫头一起缉合。

图 5‑3‑32　袋布

⑥ 翻起衣片两侧，打回针封住两边三角，将两层袋布对齐，沿袋布外围留 1 cm 缝边，缉合袋布即可，如图 5‑3‑33 所示。

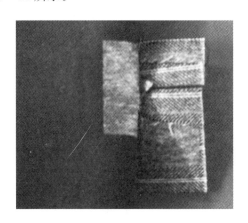 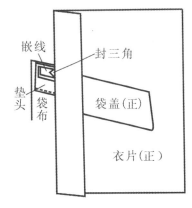

图 5‑3‑33　做嵌线袋

大袋在缝合完成后,应用量尺等检测袋盖边各部位与衣片下摆距离是否均等,检查袋盖是否有倾斜等问题,若检查无误,最后稍加熨烫即可,如图5-3-34所示。

（a）大袋背面效果

（b）右衣片袋盖

（c）左衣片袋盖

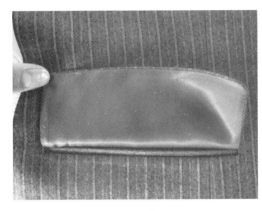
（d）袋盖背面

（e）袋盖外观

图5-3-34 大袋效果

(五) 做止口

1. 敷贴边

(1) 在驳口线里侧黏牵条

首先,在前衣片反面,距驳口线里侧0.7 cm处,黏贴宽1.2 cm直丝牵条,防止驳头拉伸变形以及利于驳角的自然窝顺,如图5-3-35(a、b)所示。

然后,用单股白扎线在靠近翻驳点的牵条一侧,打宽1 cm、长4 cm的长方形线钉,拉紧牵条并对齐串口线,在另一端打同样大小长方形线钉,注意驳口线中段应略紧些,其余平敷,如图5-3-35(c)所示。

最后,在黏完牵条后,可将衣片拎起并观察驳头形状是否符合要求,便于及时修改,如图5-3-35(d)所示。

（a）牵条正面效果

（b）牵条背面效果

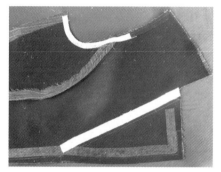

长4cm
宽1cm

0.7cm

略紧

串口线

（c）黏牵条

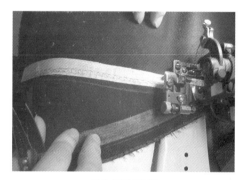

（d）黏牵条后效果

图 5 - 3 - 35　驳口线里侧黏牵条

（2）整烫牵条

用熨斗从翻驳点开始，力度均匀，勿用力拉伸驳头，熨烫驳口线两侧，如图5-3-36(a)所示。由于白扎线所打线钉在后整时要全部拆除，所以待整烫完毕后，可用牵缝机制双迹线固定牵条，如图5-3-36(b)所示。

（a）熨烫后驳口线两侧效果　　　　　　　　（b）固定牵条

图 5 - 3 - 36　整烫牵条

（3）敷贴边

沿驳头与止口外侧用针将贴边与衣身前片扎定，如图5-3-37所示。

图 5 - 3 - 37　敷贴边

2. 缉止口

在衣身前片一侧沿净缝线出 0.1 cm 缉止口，缉线从缺嘴线钉起（回针打牢），经驳角、驳头、止口、下摆至底边贴边宽止，如图5-3-38所示。

图 5 - 3 - 38　缉止口

图 5 - 3 - 39　烫止口

3. 烫止口

驳头部分在大身一侧熨烫,大身坐进 0.1 cm,止口及下摆部分在贴边一侧熨烫,贴边也坐进 0.1 cm。在熨烫时应注意,左右两衣片驳头及止口部位条纹等图案应对称、均等,如图 5 - 3 - 39 所示。

(六) 缝合摆缝、肩缝、烫底边

1. 合摆缝

将前后衣片正面相合,前片在上,后片在下,摆缝对齐,腰节线钉及剪口对好,留 0.9 cm 缝份缝合,再将合缝从中分开熨平。为防止袖窿下部位拉伸变形,熨烫时最好从底边开始熨烫,由下至上沿摆缝向袖窿方向熨烫。

2. 合肩缝

将前后衣片正面相合,前片里面在上,肩缝对齐,留 0.9 cm 缝份绱合。

在缝合时应注意,为了解决人体肩胛骨隆起的需要,在两肩缝中间部位应放 0.5 cm 层势,绱合时要把这一段缝合均匀。然后在烫台上将肩缝分开烫平,熨烫时将层势归拢烫平,不能过于用力,否则会使肩缝拉伸变形,如图 5 - 3 - 40(a、b)所示。

对于有条纹等图案的服装来说,应在绱缝完成后,检查前后两衣片的条纹是否衔接在一条直线,左右衣片图案位置是否对称,如图 5 - 3 - 40(c、d)所示。

（a）放层势

（b）两衣片肩缝绱合

（c）检查肩缝条纹（正面）

（d）检查肩缝条纹（背面）

图 5 - 3 - 40　合肩缝

3. 烫底边

将前后衣片放平,底边折合进 4 cm 折边,扣烫顺直。熨烫时勿用力拉伸或归拢,否则会造成底边变形,影响外形美观。

（七）做领、装领

1. 做领

首先，做领前应将领子纸板与实际领圈进行对照修正，通常领子应比实际领圈大 0.3 cm 左右。若领子小于领圈，则会造成领子吊紧、领圈过紧，而领子过大，则又会使领圈过松，领型不整。

在缝合领子各片之前，要做以下准备工作：

（1）按领子净样，标注领面缝份，面料各领边放缝 1 cm，领底放缝 0.6 cm，领里串口方向为直丝，如图 5－3－41 所示。

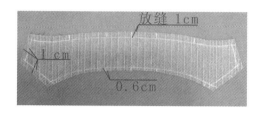 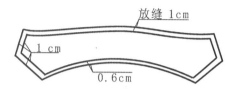

图 5－3－41　领面各边放缝

（2）领座黏衬，所留缝份与领面缝份量一致，如图 5－3－42 所示。

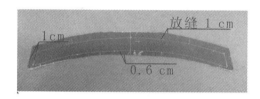 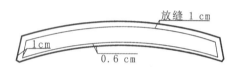

图 5－3－42　领座黏衬放缝

（3）领子面、里烫上黏合衬，黏衬时应注意，除靠近领底弧线一侧，黏合衬的其他各边应比领子面、里料各边进 0.2 cm，如图 5－3－43 所示。

图 5－3－43　领衬

其次，将领子面料与领底呢的领底弧线对齐、缉合，缉合过程中应注意，领面与领座的后领中线应重合一致。对有条纹等图案的面料来讲，缝合后，要检查领面与领座的条纹是否衔接一致，尤其是后领中线部分，如图 5－3－44 所示。

 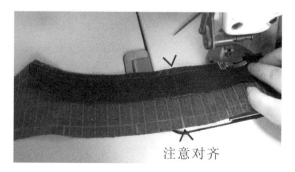

图 5－3－44　缉合领面与领座

随后,缉合领面与领底呢,留 0.1 cm 缝份(图 5-3-45(a、b)),缝合后牵缝缝份(图 5-3-45(c、d))。

(a) 缉合领面与领底呢

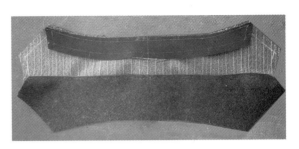

(b) 缝合后效果

(c) 牵缝缝份

(d) 牵缝效果

图 5-3-45　缝合领面与领底呢步骤

再次,于领底呢靠近领外口线 1/3 处,敷宽约 0.2 cm 的弹性牵条,并在领子两端各收进 0.5～0.6 cm 吃势,并熨烫平整即可,如图 5-3-46。这样,成型后的领角更为挺翘,外观效果更好。

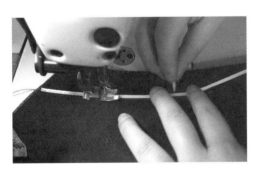

(a) 确定吃势位置

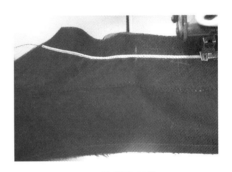

(b) 敷弹性牵条

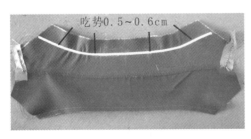

(c) 吃势位置

(d) 背面效果

图 5-3-46　敷牵条

最后,领面留缝份 0.4 cm,领里留 0.8 cm,领里每边修去 0.2 cm,将止口翻出熨烫服帖(图 5-3-47(a、b、c))。熨烫时应注意领里应坐进 0.1 cm,领角要烫出窝势(图 5-3-47(d))。最后,将整烫后的领子放在人台上对照两领角是否均等、对称,领面条纹是否一致、顺直(图 5-3-47(e、f)),若条件允许,可以进行高压定型,防止在绱领过程中领子走形,如图 5-3-47(i)所示。

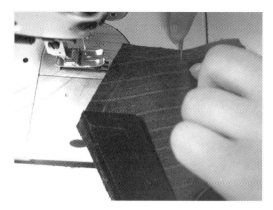

（a）领子缝合

（b）修剪缝份

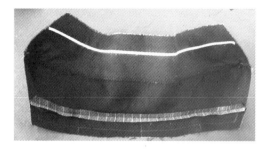

（c）分烫串口

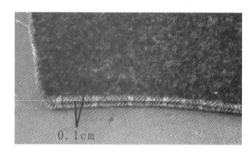

（d）领里坐进 0.1 cm

（e）检查领子缝合效果（领外口线弧度）

（f）检查领子缝合效果（领角、条纹）

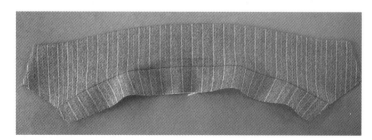

（g）领子正面

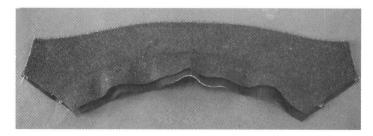

（h）领子背面

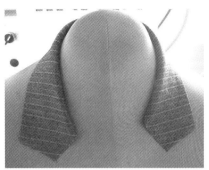

（i）整烫领子

图 5 - 3 - 47　缝合领子

2. 绱领

（1）按驳角画出串口线，留缝份 0.6 cm，修贴边串口和大身串口缝份，对合领子与领圈，在领子上做好后中、左右肩缝对位标记。

（2）将领面与贴边正面相对，领嘴线是烫折过的，将串口线的起针位置与驳嘴这个点对齐后，开始沿着串口线的 1 cm 缝份缉合，如图 5 - 3 - 48(a)所示。另一领角亦如此缝合，领底部分暂不缉合，待整衣装上里子后再行缉装，如图 5 - 3 - 48(b)所示。在加工过程中，应剪斜角剪口，修整领角，注意领角的外观效果，及时修改，如图 5 - 3 - 48(c、d)所示。

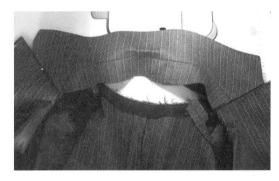

（a）沿串口线缉合　　　　　　　　　　　　　（b）缉合后效果

（c）修整领角　　　　　　　　　　　　　　（d）整烫领角、驳角

图 5 - 3 - 48　绱领

（3）因领圈缝份已劈烫，在此，只需将贴边串口缝份分开熨烫，领角部位缝份适当修除（图 5 - 3 - 49(a)），然后在贴边正面盖布将串口烫直、烫顺、烫薄即可（图 5 - 3 - 49(b)）。

整烫完毕后，要将领底呢按固有位置对合，并画出领底弧线的位置，以便于后期领底呢的绱合（图

5-3-49(c))。最后,将双面胶夹入大身串口和贴边串口的缝份之间,用熨斗将串口面里黏烫固定即可,如图 5-3-49(d),便于下一步缝合领子与衣片。

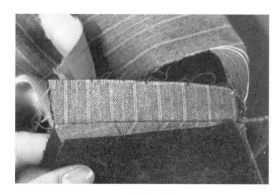

（a）修剪缝份

（b）分烫串口

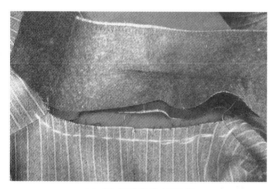

（c）领底弧线位置画线

（d）初步固定

图 5-3-49　绱领

最后,用三角针将领底呢和衣身连起来,要盖住缝头,针距大约为 0.2 cm。在初步缉合后,检查领子的外观造型及左右是否完全对称等细节,若确定无误,可最终缉缝领底弧线与后衣片,拆除绷缝线,这样领子部分就完成了,如图 5-3-50 所示。

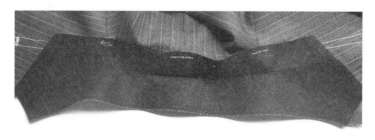

（a）初步固定领底与衣片

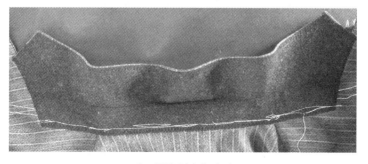

（b）绷缝领底与衣片

（c）领子外观效果（正面）　　　　　（d）领子外观效果（背面）

图 5-3-50　绱领

（八）做袖、装袖

1. 做袖

做袖之前，应将袖山弧长和实际袖窿弧长进行比照，通常袖山弧长比袖窿弧长 2～3 cm 左右，这长出的 2～3 cm 称为袖山层势。

（1）归拔大袖片

将大袖片偏袖线外侧中段拔开，注意不要拔过袖偏线。靠近袖山的上段 10 cm 处略归，靠袖口的下段略平，以便将外袖缝线上部略作归拢，如图 5-3-51 所示。

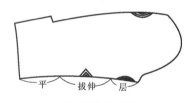

（a）大袖片归拔前　　　　　（b）大袖片归拔后　　　　　（c）归拔大袖片

图 5-3-51　归拔大袖片

（2）缉合内袖缝

将大、小袖片内袖缝对齐，袖口高低一致，缉合缝份，并劈开缝份，熨烫顺滑，如图 5-3-52。

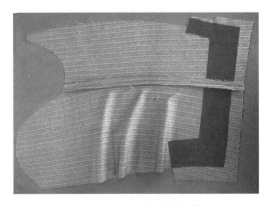

图 5-3-52　缉合内袖缝

（3）做大袖衩

① 扣折贴边，并沿外袖缝净缝线扣转大片袖衩，使袖衩上下端宽度一致，如图 5-3-53 所示。

② 翻开贴边与大袖衩，穿过大袖衩与折边交叉点 O 点，即将袖片底角沿 AOB 三点确定直线，并整烫定型留折痕，将底角正面相合，沿 OC 对折，A、B 重合，沿 OB 缉线，如图 5-3-54 所示。

图 5 - 3 - 53　检查袖衩、折边宽度

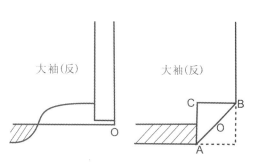

图 5 - 3 - 54　做大袖衩（一）

③ 将衩角翻正，贴边与大袖折好，衩角缝份分烫开，大袖一侧即完成，如图 5 - 3 - 55 所示。

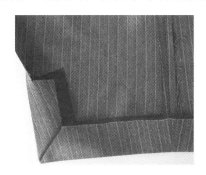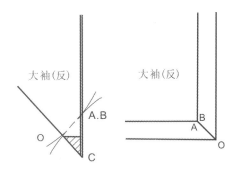

图 5 - 3 - 55　做大袖衩（二）

（4）缉合外袖缝

将大、小袖片外袖缝对齐，缉合外袖缝，并转弯缉好袖衩，如图 5 - 3 - 56 所示。

（a）缉合外袖缝　　　　　　　　　　　（b）缉合后效果

图 5 - 3 - 56　缉合外袖缝

（5）熨烫外袖份

将外袖缝分开，在小片衩口缝份上打剪口（图 5 - 3 - 57(a)），后将袖片置于烫台进行熨烫，再沿外袖缝将袖衩倒向大袖片，最后，翻到正面将袖衩烫平、烫顺即可，如图 5 - 3 - 57 所示。

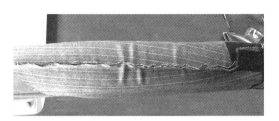

（a）打剪口　　　　　　　　　　（b）置于烫台熨烫前

（c）置于烫台熨烫后

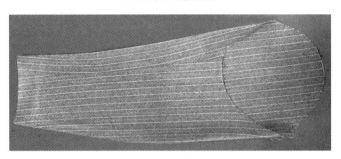

（d）熨烫后效果

图 5-3-57　熨烫外袖缝

（6）绱袖里、缉合袖口

　　大片袖里偏袖缝中段略微拔开，缝份略大些，分别缝合里袖缝、外袖缝，并将缝份向大袖一侧熨烫。将袖子面、里反面翻出，面、里缝份对齐，袖里口套在翻起的袖贴边外，面、里袖口缝份对齐并兜合，并用三角针与大身绷牢，如图 5-3-58 所示。

（a）缉合面、里袖口

（b）缉合后效果　　　　　　　　（c）缉合后效果

图 5-3-58　绱袖里、缉合袖口

　　在缝合袖里时，应注意在袖中位置所预留 10～15 cm 的翻口，不要缝合，整烫归整即可，便于服装最后的翻整。

（7）整烫袖子、修剪袖山里

将袖子的里、外袖缝烫平、烫顺，然后摆正袖口、袖衩，将袖口上方10 cm左右偏袖和袖衩熨烫服帖，如图5-3-59所示。

（8）修剪袖里缝份

将袖子翻到正面，对准袖面、袖里绱袖对位标记，进行修整，如图5-3-60所示。

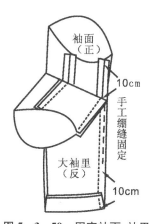

图5-3-59　固定袖面、袖里

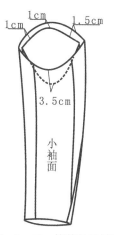

图5-3-60　修剪袖里缝份

2. 装袖

（1）收袖山层势

用粗棉线作牵带，沿袖山边缘0.5 cm处放大针码绱缝，或用拱缝沿袖山边缘0.5 cm处拱缝，针码密度为1 cm范围内3针～4针，针迹要整齐。绱缝后，适当拉紧棉线，自瘪肚缝向上3 cm开始，袖山高点处抽量最多，完成后，袖山应成铜锣状，边沿立起，如图5-3-61所示。

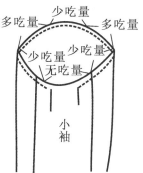

图5-3-61　收袖山层势

（2）扎袖

为保证袖子缝合位置精确，绱袖前可以先扎袖定位。对于女装来讲，绱袖通常先扎右袖，将袖中与肩缝先滴缝一针固定，再放人台上观察袖窿前后效果。若袖子太靠前，可将袖中点向肩缝往前移；若靠后，可将袖中点由肩缝往后移，以此来调节袖子的前后。满意后，以0.8 cm缝份绱缝一圈，绱缝完成后，再将衣服置于人台上，检查袖子前后是否合适，袖山层势是否均匀，袖山弧线是否圆顺饱满，如图5-3-62所示。最后，同样方法绱缝左袖，并检查左右两袖是否一致、对称，对于有条纹等图案的服装，应检查袖窿部位条纹是否顺直。

（3）绱袖

先将袖子"层势"在烫台上熨烫匀称，然后沿扎线里侧将袖子绱圆顺，如图5-

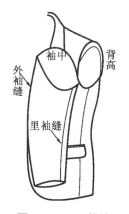

图5-3-62　扎袖

3-63(a、b)。缉合时可用镊子压住袖山层势,不使袖窿缉还和层势走动,缉合完成后,应检查袖山弧线是否圆顺。若有条纹等其他图案,还应检查前后衣片与袖山的衔接以及袖子的条纹是否顺直等,若确定无误后,再开展后面其他工序,如图5-3-63(c、d)所示。

（a）熨烫"层势"

（b）熨烫后袖窿效果

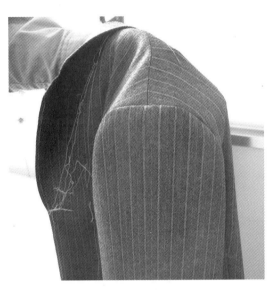

（c）检查缉合效果（袖山弧线）

（d）检查缉合效果

图5-3-63 缉袖

（4）装垫肩

将垫肩对折,中点位置打剪口并对准肩缝,肩缝处垫肩上端1 cm,两端0.7 cm缉缝,针距为2 cm,用双股扎线自肩垫一端起针,沿袖窿缉线外侧将肩垫和袖窿缝份缉牢,垫肩外弧线中点定牢,注意定线应适当松些防止过紧所引起的肩部面料紧皱、不平服等现象,如图5-3-64所示。

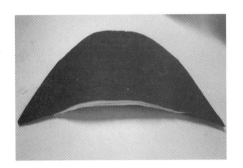

（a）垫肩正面

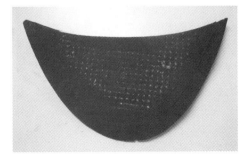

（b）垫肩背面

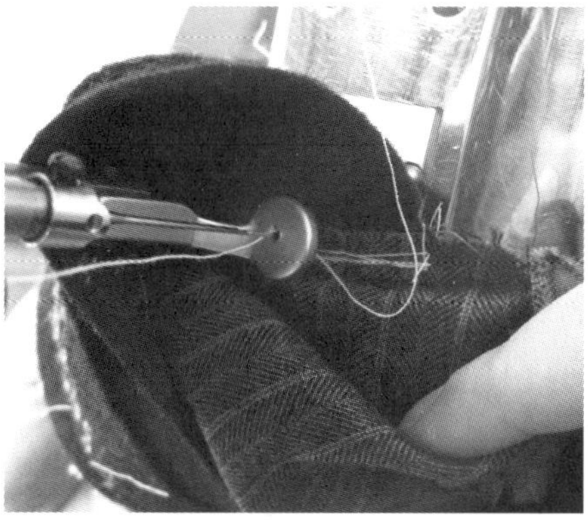

(c) 绷缝

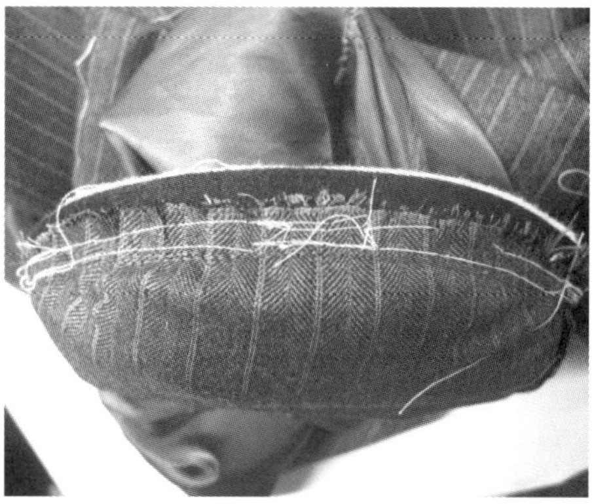

(d) 缉合效果

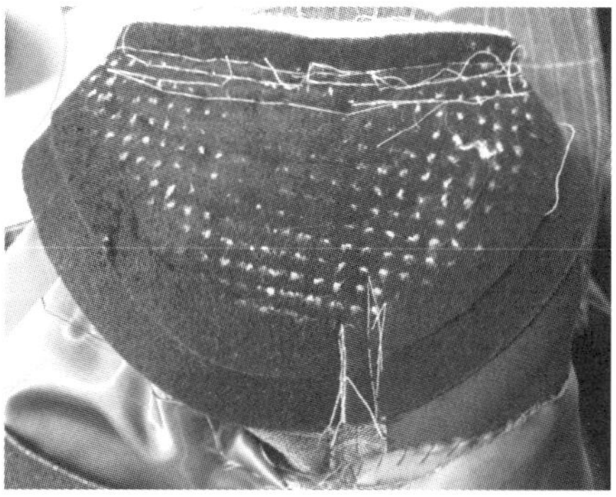

(e) 缉合效果

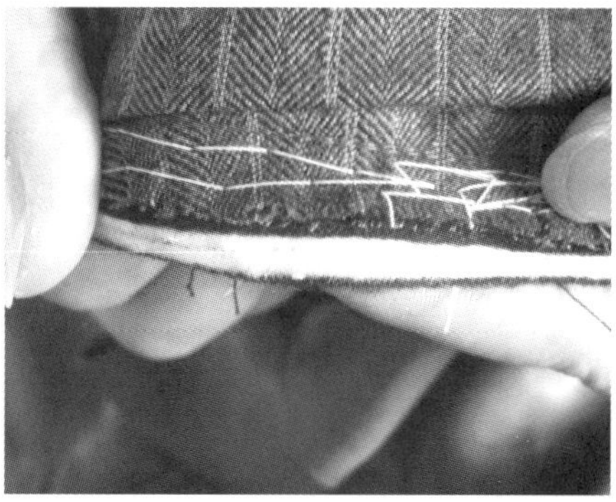

(f) 针距

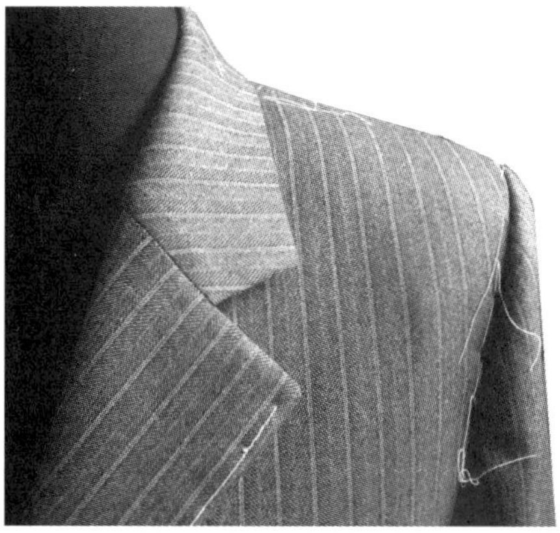

(g) 装垫肩后效果(正视)

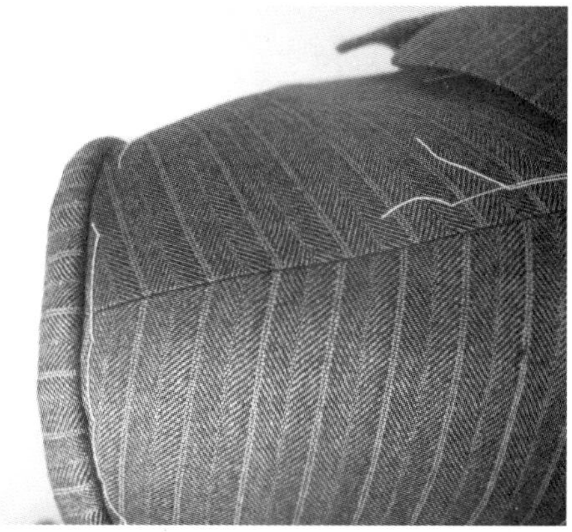

(h) 装垫肩后效果(俯视)

图 5-3-64　装垫肩

若没有专业缝合设备时，可以用手缝针代替绷缝机，沿袖窿缉线外侧将肩垫和袖窿缝份缉牢，如图 5-3-65 所示。同理，距两端 0.7 cm 缉缝，针距为 2 cm。

为获得更好的肩部效果，在绱袖完成后可再装袖棉条调整肩型。在绱袖棉条之前，将对照袖窿形状，整烫袖棉条。把整烫后的袖棉条对折，在中点的位置做上记号，对齐肩线，向前移动 1 cm，麻的这面对着自己(末端有两层麻的为后)分清前后，然后沿着 1 cm 的缝份辑缝，如图 5-3-66 所示。

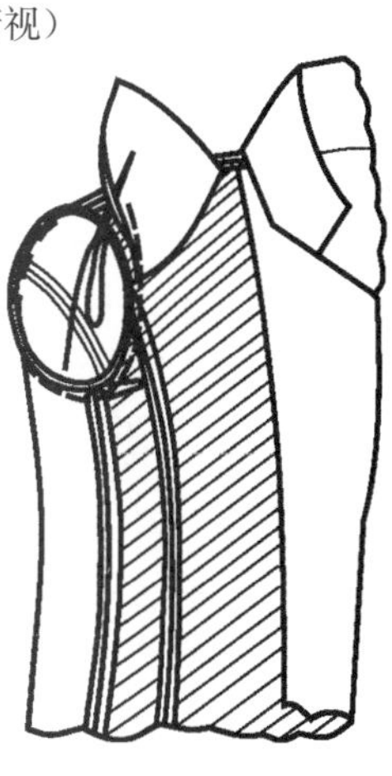

图 5-3-65　装垫肩

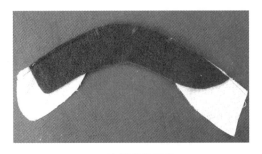
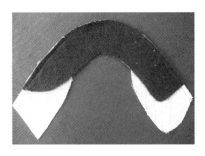

(a) 袖棉条整烫前　　　　　　　　　　(b) 袖棉条整烫后

(c) 缉合袖棉条　　　　　　　　　　(d) 缉合袖棉条后效果

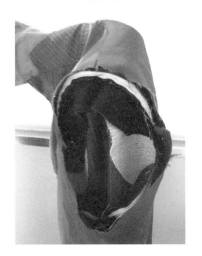

(e) 缉合袖棉条后效果　　　　　　　(f) 缉合袖棉条后袖子外观

图 5-3-66　装袖棉条

(九) 做里子、装里子

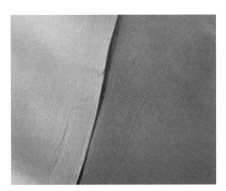

图 5-3-67　里子熨烫后效果

1. 做里子

里料裁片正面相合,上口及腰节剪口对准,缝口对齐,留 0.9 cm 缝份缉缝。可以先将侧片与前片缉合,再缉合背缝,最后将前片与后片缉合,缉合完成后将缝份烫平。整烫后,背缝朝右片倒,其余各缝份均向后身倒,并留有 0.2 cm 层势,如图 5-3-67 所示。

2. 装里子

(1) 装大身里子

将做好的大身里子与面子进行配合比较,后中缝对齐,里子肩缝与贴边上口对齐,底边上 3 cm 处与贴边做好起始标记。将前衣片里子与贴边正面相合,从起始标记起,以 0.9 cm 缝份缉合至贴边上口。然后将里子前后肩缝绱合,并按贴边缝份倒向里子,肩缝缝份倒向后肩,熨烫平服。

（2）装袖里

按面子装袖情况,做好里子袖中、胖瘦肚缝的装袖对位标记。袖子里和袖窿里正面相合,袖子里在上,袖窿里在下,袖中对准肩缝,以0.9 cm缝份绱合,绱缝时应将里子的袖山层势放均匀,不能起皱打裥。

（3）绱装领面袖口和里子领圈

将领面下口与里子领圈正面相合,领面在上、里子在下,领面下口三剪口与领圈后中缝、肩缝对准,以0.9 cm缝份绱合,缝份朝领子坐倒。

（4）绱合面里下摆贴边内缝

将面子贴边和里子下摆正面相合,面子在下、里子在上,以0.9 cm缝份绱合。绱合时应注意肋省、摆缝、后中缝面、里缝份对齐。

（十）固定面、里内缝

1. 滴内缝

为使面、里料更加合体,可手工在反面将面、里有关缝份用双股线滴缝,滴线应松紧适当。需滴缝、加固部位面、里领底缝,面、里装袖缝,面、里摆缝中段各滴3针～4针即可。

2. 缲贴边

将面、里贴边内缝用本色线以三角针与大身缲边。

3. 缲翻口

将整衣从翻口翻出,拉挺底边,烫平里子坐势,平齐贴边内绱线,暗针缲封。

（十一）锁眼、钉扣

1. 锁眼

根据不同款式要求,确定锁眼数量及位置,并用色粉等工具标出锁眼位置。对于翻驳领女西装来讲,适于锁圆头眼,三粒扣为佳第一粒扣眼位置于翻驳点下1 cm,距止口线1.5 cm处,如图5-3-68所示。

（a）确定锁眼位置　　　　　　　　　　　　　（b）确定锁眼位置

（c）扣眼　　　　　　　　　　　　　　　　（d）三粒扣扣眼

图5-3-68　锁眼

2. 钉扣

通常为方便服装的后整熨烫等工序,多在整烫完毕后钉扣。钉扣时,多选用双股线,为不影响整体美观,缝纫线只过单层面料,在扣子位置面料的背面看不出针迹,如图5-3-69所示。

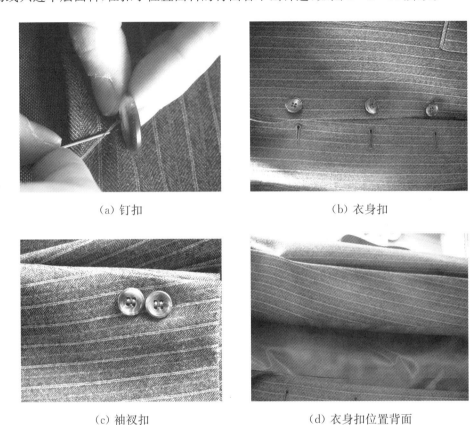

（a）钉扣　　　　　　　　　　　　　　（b）衣身扣

（c）袖衩扣　　　　　　　　　　　　　（d）衣身扣位置背面

图 5 - 3 - 69　钉扣

(十二) 整烫

拆除扎线,拔去线钉,清楚线头、色粉标记,去除污渍,准备整烫(以下图片均为工业化生产整烫资料)。

1. 烫夹里

轻轻地把前胸、后背、及袖笼夹里烫平服,烫时应该按照衣、袖的形状分块进行。

2. 烫前片

(1)烫胸部、肩头

整烫前,应将前胸、肩部、口袋部位置于布馒头上进行整烫,使胸部饱满,肩头平挺,符合人体造型。整烫完一片后,再整烫另一片。

(2)烫贴边

贴边上部与衣领一体整烫,下部衣角要烫平顺,若为圆角要烫出窝势,止口要烫顺直、压薄、压牢。

(3)烫大袋和下摆

将袋盖摆平,垫布下置衬布,烫出袋口位的胖势。烫摆缝时要将摆缝放平、放直,腰节略拨开一些。

以下为工厂机械设备的整烫工艺,衣片的胸部、贴边、下摆等前身部位其熨烫工艺可一气呵成,更为简易,如图5-3-70所示。

3. 烫肩头

肩头下置布馒头,喷水、垫布整烫,肩头往上稍拨,使肩头略翘。前肩丝缕归正,后肩略微归烫,使袖山更为饱满、圆顺,如图5-3-71所示。

（a）整烫西服上衣前片设备

（b）前片整烫前

（c）前片整烫中

（d）前片整烫后

图 5-3-70　整烫前片

（a）烫肩头设备

（b）烫肩头后效果

图 5-3-71　烫肩头

4. 烫驳头、领子

将驳头放在烫台上，驳口线上 2/3 整烫服帖，留下 1/3 不烫，以增加驳头的自然立体感。最后，将领子置于烫台上，按规格将领子向外翻折，喷水、盖布将翻折领线烫顺，并注意驳头翻折线与领子翻折线连顺。如图 5-3-72 为整烫驳头的机械设备熨烫示意图。

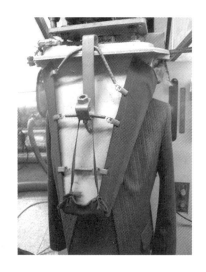

图 5 - 3 - 72　烫驳头、领子

5. 烫袖子

将袖子放于专门整烫袖子的烫台上,烫顺缝份,使袖子整体更为顺直,如图 5 - 3 - 73 所示。

（a）烫袖设备　　　　　　　　　　　　　　（b）烫袖设备

（c）袖子整烫　　　　　　　　　　　　　　（d）袖子整烫

图 5 - 3 - 73　烫袖子

6. 烫前身止口

烫前身止口要用力把它烫薄、烫服,注意止口不可外露且止口线的直线流畅,如图 5 - 3 - 74 所示。

7. 烫后背

后背中缝放直、放顺,烫平烫顺。若无专门辅助整烫设备,可在肩胛骨隆起处及臀部胖势处垫布馒头,喷水、垫布整烫,以符合人体造型需要,如图 5 - 3 - 75 所示。

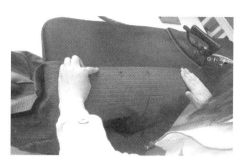

图 5 - 3 - 74　烫前身止口

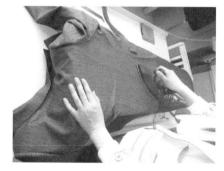

（a）烫后背（正面）

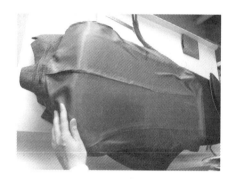

（b）烫后背（背面）

图 5 - 3 - 75　烫后背

待整烫完毕后,观察服装整体效果(图 5 - 3 - 76),准备开始成衣后期整理工作。

（a）西装正面

（b）右袖侧面

（c）西装背面

（d）左袖侧面

（e）西装口袋

（f）侧缝效果

（g）里怀袋

图 5 - 3 - 76　服装整体效果

第四节 熨 烫 定 型

服装的熨烫定型是利用织物湿热定型的基本原理,以适当的温度、湿度和压力,改变织物的结构、表面状态等性质的造型方法,广义上是指服装进行的所有热处理过程。熨烫工艺是服装加工过程中至关重要的一道工序,服装行业中有"三分缝制七分熨烫"的传统说法,尽管有些言过其实,但也足见熨烫工艺的重要性。

一、熨烫

熨烫是运用温度、湿度、压力和时间等来改变织物密度、形状、式样和结构的工艺过程,也是对服装材料进行预缩、消皱、热塑形和定型的过程。

(一)熨烫的基本原理

服装熨烫是利用水汽并通过温度和压力的调节来改变织物纤维的密度、形态和方向,使衣料按照人体体型特征进行塑形和定型,达到服帖、适体、平整、挺括、美观的效果。

1. 加热与加湿

由于纤维材料具备热塑性能,面料在一定温度下会出现柔软、松弛、曲服的状态。同时纤维材料具有亲水性能,面料加湿后,纤维分子会吸湿膨胀、疏松、伸展,使面料的编织结构松动,降低纤维纱线间的缠摇捆绑力,面料的组织密度容易延展和归缩。另外一个作用是水分在极短时间内让热量迅速传递和渗透,使面料达到温度均匀。加热和加湿的作用有两个,一是降低面料抵抗变形的能力,二是释放纤维材料的原有形变,达到最佳易塑形状态。

2. 加压

利用外力对面料的组织密度延展和归缩,对纤维纱线进行归拔,实现面料的凹凸和曲面组合变形,达到了面料密度不同分布和纱线不同伸缩的塑形目的。

3. 去湿与冷却

在第二步塑形结束后,应快速使面料失去水分和热量,使面料达到或接近环境温度和湿度,它与加热和加湿要素的作用相反,它的目的是快速实现面料的编织结构固定,通过纤维分子的稳定来快速提高纱线间的紧度,只有在塑形之后的抗变形能力提升,才能实现长期有效的定型;反之,短期内面料会出现反性现象,塑形也就失去意义。

(二)熨烫的条件

服装熨烫主要受温度、湿度、压力和时间等因素的影响,服装要达到完美的熨烫效果,必须正确控制这些条件。

1. 温度

熨烫温度是影响熨烫效果的主要因素,也是面辅料变形与定型的关键。由于纤维的状态会随温度的变化而变化,在低温状态下,纤维分子结构比较稳定,但随着温度的升高,分子链间的相对运动开始变得容易,故织物也较易于在外力作用下产生变形。这种按工艺要求产生的变形通过冷却固定下来,就达到了熨烫定型的目的。由于各种面料的热学性能差异很大,耐热性不同,它们的最佳熨烫温度也不一样。因此,掌握好各类面料的熨烫温度是整理服装的关键。如果熨烫温度过高,超过面料所承受的受热温度,会使面料烫黄、烫焦、变形,甚至熔化掉;反之,熨烫温度过低就达不到熨烫效果。

2. 湿度

湿度也是熨烫定型必不可少的条件,其主要作用就是对纤维内部分子与分子之间的运动起到润滑作用,使纤维膨胀伸展,变得柔软且易于变形,从而进一步改变纤维特征,给熨烫加工提供预烫条件。但湿度应控制得当,过湿或过干都不利于服装的定型。由于不同面料的吸湿能力不同,因此,要根据面料的特征合理掌握。

3. 压力

压力可以改变面料纤维的大小与形状,但纯粹依靠压力达到定型效果,就面料性质而言,却非易事,而且压力强度和时间难以掌控。因此,只有在一定的压力作用下,同时施以一定的温度和适当的湿度,才能发挥其应有的作用,实现定型效果。熨烫压力的大小要根据材料、款式、部位而定,如真丝、人造棉、人造毛、灯芯绒、平绒、丝绒等材料,用力不能太重,否则会使纤维倒伏而产生极光;而像毛料西裤挺缝线、西服止口等处,则应用力重压,以利于折痕持久,止口变薄。

4. 时间

熨烫操作的时间长短,取决于以上几个基本条件的综合作用。一般情况下,整烫的温度高,熨烫的时间相对较短,反之,时间相对较长;面料的湿度越大,熨烫的时间就越长;压力越大,熨烫的时间越短。只有在温度、湿度、压力等条件运用适当的情况下,恰当延长熨烫时间,才能使服装达到较好的定型效果。

(三)熨烫的要求

(1)熨烫时熨斗不能在同一部位时间过长,注意移动应有规律,不得盲目乱烫,以免使面料丝缕受损或烫坏衣料;

(2)熨烫时应尽量在衣料的反面进行熨烫,如必须在衣料正面熨烫时,应盖上水布,以免表面烫出极光;

(3)成品服装应符合人体体型的立体造型,因此,塑形时应严格以人体体型为依据,科学地在衣片与人体凹凸部位相对应的位置施以推、归、拔,切不可盲目使用。

对于立体部位还可借助某些辅助工具,塑造立体造型;

(4)黏烫时,应根据黏合衬种类、性能的不同而采取适当的温度、压力和时间,保证黏合衬与面料之间黏固、平挺;

(5)熨烫时温度、湿度、压力和时间应与衣料的相配合,并根据需要和所烫部位选择适当的熨烫方式。

(四)熨烫的作用

熨烫在服装生产中占有很大的比重,尤其在西服的生产中其加工量约占整个缝制流程的一半以上。熨烫可以达到平面衣片向立体的完美转化,除运用缝纫工艺中的收省和打褶以外,熨烫加工对服装立体造型的塑造也非常重要,可以弥补加工工艺中所存在的缺陷,完成裁剪、缝制工艺中所不能完成的工作。其主要作用可以概括为以下几个方面。

1. 原料预缩和整理

服装面料、辅料在裁剪之前,要通过喷雾、喷水、熨烫等不同方法,对面料、辅料进行预缩处理,并去除衣料折皱,为排料、画样、裁剪和缝制创造条件,尤其是棉、毛、丝、麻等天然纤维织物更为如此。

2. 黏合

在西服的加工过程中,需要在一些部位加固一层或几层衬里,以增加服装的身骨与挺括性。衬里往往都是利用热熔黏和的原理,通过压烫与服装固为一体的。热熔黏和只需要在一定温度、压力的作用下,经过一定的时间来完成。

3. 热塑变形

利用衣料的热塑变形原理,采用推、归、拔等熨烫技术和技巧,适当改变衣料纤维的伸缩度及衣料经纬组织的密度和方向,塑造服装的立体造型,弥补结构制图没有省道、撇门及分割设置等造型技术的不足,使服装符合人体美观和舒适的要求。

4. 定型

为了提高服装的缝制质量,降低缝难度,在缝制过程中,衣片的很多部位都需按照工艺的要求进行平分、折扣、压实等熨烫操作,如折边、扣缝、分缝烫平、烫实等,以达到衣缝、褶裥平直,贴边平薄贴实等持久定型。对成品服装的整烫,可使服装达到外形平整、挺括、美观、合体等立体外观形态。

5. 修正弊病

利用织物中纤维的膨胀、伸长、收缩等性能,通过喷雾、喷水熨烫,修正服装在缝制中产生的缺陷。如对绲线不直、弧线不顺、缝线过紧所造成的起皱,小部位松弛形成的"酒窝",部件长短不齐,止口、领面、驳头、袋盖外翻等缺陷,都可以通过熨烫技巧给予修正,以提高服装质量。

(五) 熨烫基本步骤

1. 掌握熨斗温度

掌控熨斗温度是进行熨烫的关键,若采用非调温的普通电熨斗,可将水珠滴在加热熨斗的底板上,看水珠的变化、听发出的声音,来判断熨斗的大致温度,确定是否可以熨烫,并适合熨烫哪类服装,见表5-4-1。

表5-4-1 熨斗温度

温度范围/℃	水的状态	结　　果
70~100	水未开,水珠形状散开缓慢,慢慢起泡,出现开水声,并蒸发。	不宜熨烫衣物。
120~140	发出"嗤嗤"声,水珠马上扩散,起较大水泡,迅速蒸发。	适宜直接熨烫尼龙绸面衣物、羽绒服、锦纶混纺衣物、腈纶交织混纺衣物及丙纶衣物等。
150~160	水珠滴上后先发出"啾"的声音,水珠由大变小,在底板上滚转。	适宜直接熨烫涤纶衣物及毛涤纶混纺衣物,也可直接熨烫毛料衣物,或垫水布熨烫锦纶、腈纶、丙纶衣物。
170~190	发出"扑哧"声,水珠在熨斗上蹦跳而落地。	宜熨烫闷过水的丝绸衣物及棉织品、人造棉织品、人造丝织品,也可垫干布、水布熨烫毛料衣物及涤纶、混纺衣物。
200~250	发出短脆的"啪"声,水珠立即飞溅。	宜垫湿水布熨烫各种毛料衣服、毛呢料衣物,但不要在水布已烫干的部位多停留,以免水布下的部位出现极光,或使毛料织物变黄。

2. 掌握织物熨烫的温度

在织物的熨烫过程中,不同织物对熨烫温度要求各不相同,只有掌握和运用合适的熨烫温度,才能获得理想的熨烫效果,同时也避免烫伤衣物,造成不必要的损失。针对女西装上衣的制作,表5-4-2为部分织物对熨烫的要求。

表5-4-2 织物熨烫温度

织物名称		适宜温度	织物名称	适宜温度
毛织物	薄呢	约120℃	涤纶织物	约130℃
	厚呢	约200℃	锦纶织物	约100℃
棉织物		为160~180℃	涤棉或涤黏混纺织物	约150℃
丝织物		约120℃	涤毛混纺织物	约150℃
麻织物		在100℃以下,一般不熨烫	涤腈混纺织物	为140℃

3. 熨斗的使用

(1) 非调温电熨斗。使用非调温电熨斗前,先确定熨斗是否能正常使用以及熨斗底部是否洁净,开通电源。在熨烫过程中,左右手配合要熟练,时间不宜过长,以免熨斗温度过高。如需熨烫较长时间,应该在温度合适后关掉电源。

在开通电源熨烫时,要时刻观察熨烫效果及面料变化,特别是天然纤维面料的颜色及气味,稍有变化,应立即切断电源。待继续熨烫中发现温度不够时再接通电源。

在垫湿水布熨烫时,熨斗由于要使水分化为蒸汽,因此,温度下降会很快,即使不关电源,也会出现热力不足的现象。这时就要放慢熨烫速度,对熨斗的运行掌握可先轻后重,使水分蒸发扩散均匀、温度分布均匀。

(2) 调温电熨斗。使用调温电熨斗前,应先掌握熨斗核定的各种纤维档次的熨烫温度。在熨烫过程中,最好在该纤维熨烫温度的基础上再提高一个档次,如有必要还可调到更高的档次。

4. 熨烫顺序

熨烫的原则:

(1) 先烫反面,再烫正面;

(2) 先烫局部,再烫整体;

(3) 上装的熨烫顺序是:分缝—贴边—门襟—口袋—后身—前身—肩袖—衣领。裤装的熨烫顺序是:腰部—裤缝—裤脚—裤身。衬衫的熨烫顺序是:分缝—袖子—领子—后身—小裆—门襟—前肩。

二、手工熨烫

(一) 手工熨烫工具及设备

人工机械工具很多,有各种定型机、光面万能机、夹绒机、人像机以及各类型抽湿机和各类型的平机。根据熨烫的原理设计而成的,因为外壳似人型,所以叫人像机。人像机适用于熨烫西装,只要把衣服套在人像机上,调节好肩、胸、腰等部位,使之与衣服大小相同,使前后固定杆,套上袖子架,然后根据衣物质料,预调蒸汽作用时间和冷却风作用时间,挥动开关,蒸汽释放后,套在上面的西装因受热纤维膨胀和蒸汽生产冲力使衣服上一些褶皱被消除,达到平整效果,再通过冷风处理定型,初步达到初步熨烫目的。

(二) 熨烫设备及工具

1. 熨斗

现市面的熨斗主要分为电熨斗和蒸汽熨斗两种,如图5-4-1所示。电熨斗多使用220 V交流电,功率多为300~1 200 W,有可调温型和不可调温型。由于大部分电熨斗多为家用,造型多为全蒸汽熨斗尾部有两个蒸汽胶管接驳蒸汽来使用,其优点是安全可靠,适用于全部织物,不会因温度过高而产生纤维收缩、变黄,甚至出现炭化分解等现象。

　　(a) 电熨斗　　　　　　　　(b) 蒸汽熨斗

图5-4-1　熨斗

2. 吸鼓风烫台

在工业化生产中,多选用吸鼓风烫台,其熨烫效果更好,但与普通熨斗相比操作成本更高。吸鼓风烫台的尺寸与普通烫床类似,长为120~150 cm。烫台面中间是空心的,使用铁、铝或丝网作为骨架,上

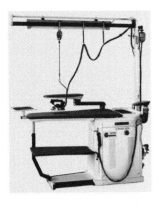

图 5-4-2 吸鼓风烫台

面铺上一层泡沫，再罩上白棉面料而成。烫台中心处的下方安装一台抽风机或真空机，当机器启动后，就能把烫床上衣服中的水分吸去，同时起冷却降湿的作用，所以定型效果比普通烫床好，这类吸湿烫床适用于各类型的洗衣店和服装加工整烫用，如图 5-4-2 所示。

3. 垫枕

又称布馒头，长约 15 cm，宽 9 cm，厚 4～5 cm，内用棉花填平，用白布缝制，为椭圆形。适用于熨烫服装的肩膀和腰裥部位。

4. 烫案

即指熨烫衣物的案板和穿板。

（1）案板。宽约 80 cm、长度约为 150 cm 左右、高度约 80～90 cm，案上铺有棉毡，案面一般铺有纯白棉布。可熨烫棉、丝织物、衬衣、风衣等。

（2）穿板。又称穿板，一头为尖圆形，长约 150 cm、宽约 45 cm、高约 80～90 cm，可熨烫衣物的肩部、西裤的裤腰等部位。

（3）小穿板。宽约 30 cm、长约 60 cm，呈尖圆形，立板高约 20 cm 与底板连接作底座，属于熨烫的配用工具，可熨烫上衣肩部、胸部和裤腰部位。

5. 水布

为普通白色棉布，长约 100 cm、宽约 90 cm，在开始熨烫之前，应先准备湿水布和干水布各一块。若为新布，应先退浆，否则会有发硬、不吸水的现象。水布一般为纯色，忌用有色布，避免在高温作用下串色；由于化纤面料不耐高温，也不宜用化纤面料。

（三）手工熨烫工艺形式

手工熨烫常用工艺形式有：推、归、拔、缩褶、打裥、折边、分缝、烫直、烫弯、烫薄、烫平等。在各种加工制作过程中，最常用工艺主要有平烫、分缝熨烫、扣缝熨烫、推、归、拔、烫等几种形式。

1. 平烫

将衣料烫平整，不能拉长或归拢衣片。熨斗用力均匀并沿衣料的直丝缕方向有规律地移动。

2. 分缝熨烫

（1）分缝熨烫。用不拿熨斗的手或用熨斗尖将缝头分开，同时熨斗跟上向前烫平。烫时要求不伸不缩，摆平即可。

（2）拔分缝烫。熨烫分缝时，熨斗加大压力，随着熨斗的走向，另一只手将分缝拉紧，使其伸长而吊起，熨斗往返用力分烫，如图 5-4-3 所示。

（3）归缩分缝烫。熨烫分缝时，由熨斗尖分烫，另一只手的中指和拇指按住衣缝与两侧，熨斗前行时，熨斗前部稍抬起，用力竖向压烫，如图 5-4-4 所示。

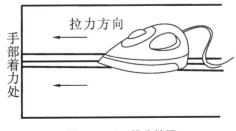

图 5-4-3 拔分缝烫

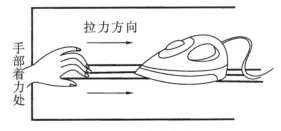

图 5-4-4 归缩分缝烫

3. 扣缝熨烫

将毛口的缝边折转、折烫成净边，或将底边扣折成净边，即称扣缝熨烫。

（1）扣缝烫。也称直扣缝、平扣。扣烫时，将所需扣烫的缝头，沿熨斗的走向逐渐折转。熨斗尖轻微地跟在后向前移动，然后熨斗底部稍用力来回熨烫，如图 5-4-5 所示。

（2）缩扣缝烫。也称缩扣。扣烫时，先将直边烫死，然后再扣圆角或弧线，不拿熨斗的手的食指和拇指，捏住缝头折转，熨斗随后跟上，利用熨斗尖的侧面，把圆角或圆弧处缝头逐渐往里归缩平服。扣烫完成后，要保证各处均平服，里层不能有折叠，如图 5-4-6 所示。

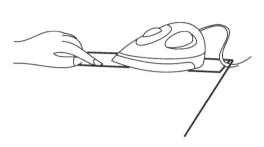

图 5-4-5　扣缝烫　　　　　　　　图 5-4-6　缩扣缝烫

4. 推、归、拔、烫

（1）推。将胖势部位推向所需部位。

（2）归。归拢，使得某部位缩短，周围形成胖形。不拿熨斗的手把衣片中需归拢的部位推进，同时熨斗用力由归拢部位的内向外，做弧线形熨烫。

（3）拔。拔开，使得某部位伸展拉长。不拿熨斗的手拉紧衣片中需拔开的部位，同时熨斗用力向拔长部位由外至内，做弧线熨烫。

（四）手工熨烫技巧

手工熨烫的各种技巧概括起来共分十六个字即：快、慢、轻、重、归、拔、推、送、闷、蹲、虚、拱、点、压、拉、扣。具体做法和要求是：

（1）快。轻薄的成衣在熨斗温度高时，熨烫的速度要快，不可多次重复熨烫，因为有些成衣熨烫不能超出布料的耐热度。当熨斗加热超出所需的温度或内热界限，布料强度下降，易烫坏或烫出极光，只有加快熨烫才能克服这些缺点。

（2）慢。对于成衣较厚的部分，例如：驳头、贴边等，熨斗要放慢速度，要烫干烫平，否则这个部位要回潮，达不到硬挺的效果。

（3）轻。对于各种呢绒成衣或布料很薄的成衣一定要轻熨，以便于绒毛能够恢复原状。

（4）重。成衣的主要部位通常是很关键的部位，这些部位的特殊要求是挺阔、耐久、不变形，因此对这些部位只能重压才能熨好，起到定型的目的。

（5）归。成衣在加工过程中，为使平面的衣身变得符合人体造型，有些部位要在服装制造前做暂时的定型处理，例如人体凸出的部位，在熨烫时应将其直横丝归烫成能够凸出部位的弯形，才能更符合人体的体型特点。

（6）拔。拔和归是相互联系的，有些部位，例如后背的肩胛骨部，只有运用拔的手法，才能使这些部位符合人体的要求。

（7）推。推是归拔过程中的一个特定的手法，也就是将归拔的量推向一定的位置，使归拔周围的丝缕平服而均匀。

（8）送。将归拔部位的松量结合推的手法将其送向设定的部位给予定位。例如腰部的凹势只有将周围松量推送到前胸才能达到腰部的凹势、胸部的隆起，使服装凹凸曲线的主体感更加明显。

（9）闷。在服装较厚的部位也是需水量大的部位，必须采用闷的方法，即将熨斗在这个部位有一段时间的停留，才能保证上下两层布料受热的均匀。

（10）蹾。有些服装部位出现折皱不易熨平,可在熨烫时将熨斗轻轻地蹾几下,以达到平服贴体的目的。

（11）虚。在制作过程中一些部位属于暂时性定型的衣物以及毛绒类的成衣要虚烫,只有通过虚烫才能保持款式窝活的特点。

（12）拱。拱的手法是指有些部位不能直接用熨斗的底部熨烫,例如裤子的后档缝只有将熨斗拱起来才能把缝线劈开,压平烫平。

（13）点。在服装加工过程中有些部位不需要重压和蹾的方法,要采用点的手法来点,可减少对成衣的摩擦力,彻底克服熨烫中出现极光的现象。

（14）压。成衣熨烫定型时许多部位需要给予一定的压力,即面料的屈服点,才能使其变形达到定型的目的。

（15）拉。在服装熨烫时,除了右手使用熨斗外左手要相互配合,有些部位要适当的用左手给予拉、推、送才能更好地发挥熨烫成型的作用。例如裤腿的侧缝,熨斗在来回走动时是不能克服的,只有用手适当拉伸配合熨烫,才能达到平服的目的。

（16）扣。是指成衣加工过程中有些部位利用手腕的力量将丝缕窝服,使这些部位更加平服贴体。

三、机械熨烫

机器熨烫主要是运用机器设备提供各种织物熨烫所需要的温度、压力、湿度、冷却方式预计符合人体各个部位造型的熨烫模型,完成熨烫定型的全过程。目前,现广泛使用的熨烫机器以蒸汽熨烫机为主,它可避免因受力不均或金属底面直接接触面料而产生的织物破损、极光等弊病,更可以提高生产效率,减少工人的劳动强度。

蒸汽熨烫机的工作过程为:将需熨烫的部位置于熨烫机的下模上,在合模的同时由上模喷出高温高压蒸汽,然后加压造型,抽湿冷却,以达到定型的目的。

（一）熨烫机的分类与特点

蒸汽熨烫机的种类很多,一般可从下面三个方面来划分:

1. 按熨烫对象

可划分为西装熨烫机、衬衫熨烫机和针织熨烫机。

2. 按在工艺过程中的作用

可划分为中间工序熨烫机和成品熨烫机。中间熨烫机主要用于服装加工过程中的熨烫,如烫省缝、烫贴边、敷衬、领头归拔等,如图5-4-7所示。成品熨烫机则是对缝制工艺完成后的成衣进行熨烫,以达到所需要的外观效果。

3. 按操作方式

可分为手动熨烫机、半自动熨烫机和全自动熨烫机。

（a）敷衬机

（b）袖部熨烫机　　　　　　　　　　　　（c）胸部熨烫机

（d）肩部熨烫机　　　　（e）领部熨烫机　　　　（f）肩部熨烫机

图 5‑4‑7　熨烫机的分类

（二）女西装上衣熨烫工艺流程

服装熨烫工艺流程合理与否，直接影响到加工产品的产量和质量。在熨烫工艺的设计工作中，也需要根据加工产品的种类及特点选择合理的工艺流程。

加工对象不同，熨烫工艺流程也不同。除此之外，操作习惯、工厂条件也会对工艺流程产生影响，因此，必须因地制宜制定合理、优质、高产的工艺流程。

女西装上衣工艺流程：

1. 中间熨烫：敷衬——分省缝——分背缝——分侧缝——分止口——烫贴边——烫袋盖——归烫大袋——分肩缝——分袖缝——归拔领子。

2. 成品熨烫：烫大袖——烫小袖——烫双肩——烫前身——烫侧缝——烫后背——烫驳头——烫领子——烫领头——烫袖窿——烫袖山。

思考题

能够完成女西装上衣的工艺制作过程。

第六章　成衣后期整理

学习目标

1. 了解成衣后整理所包含内容；
2. 了解常见污渍的去除方法；
3. 了解成衣包装所包含内容；
4. 了解成衣储运所包含内容。

能力目标

掌握成衣后期整理的方法。

第一节　后　整　理

对于批量性服装生产而言，整理是指按照一定生产次序、工序流程和品质要求，对有关的原辅材料、设备、半成品和成品、场地加以特殊处理，以确保工序衔接合理，流水生产线畅通，品质符合标准和工艺要求，并促使产品的整个生产过程始终保持一定的节奏，达到节能、顺畅、提高生产效率的目的。在服装行业中，传统服装整理工艺是指清除污迹、线头，熨烫平整，修复布疵等。

一、污渍整理

服装的加工过程中会不可避免的沾染污渍，污渍不但会影响服装外观，而且分解后会为细菌或微生物提供繁殖的条件，对人体造成伤害。因此，在成衣后期整理过程中，检查衣物表面是否存在污渍，并设法除去污渍，也成为后期整理的重要问题之一。

（一）污渍种类

造成服装表面的污渍种类繁多，根据它们的成分不同，大体可以分为以下三类：

1. 油污类

包括机油、食用油、化妆品、药膏等油溶性物质。

2. 水化类

包括糨糊、汗、茶、糖、酱油、果汁、墨、圆珠笔、油、铁锈、红蓝墨水、红紫药水、碘酒等。

3. 蛋白质类

包括血液、牛奶、昆虫、痰涕等。

（二）常见污渍的去除方法

由于污渍种类繁多，其去除方法也较多，以下主要针对在服装生产过程中较为常见的污渍去除方法进行分析，见表 6-1-1：

表 6-1-1　常见污渍去除方法

污渍名称	去 除 方 法
机械油	将污渍浸入汽油中用手轻搓,取出后用旧布在污渍处轻力擦拭。若仍有残迹,可用软毛牙刷蘸少量汽油沿布料的纹路轻轻刷,再用洗涤液洗去残痕。
彩色划粉迹	用小刷先刷去表面粉污,再将污处浸入冷水内,用少量肥皂涂擦,轻轻揉搓即除。白色棉织物上的红划粉迹用上述方法如不褪时,可再放入经稀释过的 30℃～40℃次氯酸钠溶液中,轻轻摆动几下即除,然后漂洗干净。
圆珠笔油渍	先将污渍用冷水浸湿,后用苯或四氯化碳对其污染处擦洗即可消除污渍。还可以先将污渍浸湿后,涂上些牙膏另加少量肥皂轻轻揉搓。如留有残痕,再用酒精洗除。
墨迹	墨汁的主要成分是炭黑与骨胶,新渍可先用温洗涤液洗,再用米饭粒涂于污处轻轻揉搓即除。也可用温洗涤液洗一遍,再将由 1 份酒精、两份肥皂和两份牙膏制成的糊状物涂于污处,双手反复揉搓,清水漂洗即可除去。
汗渍	1. 把衣服上有汗渍的地方浸入 3% 的食盐水中 3 h,然后用洗涤液洗去。
	2. 用 5% 的醋酸溶液和 5% 的氨水轮流擦拭汗渍处,然后用冷水投洗干净。
	3. 在汗渍处用姜汁和冬瓜汁擦洗。
霉斑	陈迹可在淡氨水中浸泡几分钟后,用高锰酸钾溶液处理。若是新迹可先用刷子刷净,后用酒精擦拭,再用清水洗净。丝绸面料可用柠檬酸液洗涤,白色棉织品上的霉斑也可将其浸入 10% 氯酸钠的冷溶液中 1 小时后,斑渍即可除去。
锈斑	白色棉织品或与棉交织的白色织品沾染铁锈后,可在锈斑处放上一小粒草酸,滴少许温水来回拨动,污渍去除后,再用清水漂洗干净即可。也可用热水将锈渍处浸湿,涂上稀硫酸或草酸溶液,用清水洗净。
血渍	因血渍中的主要成分为蛋白质,遇热凝固,所以去除血渍要在冷水中进行,先浸泡,再擦些肥皂反复揉搓即除。如洗不掉再改用氨水洗。遇留有残痕的白色棉织品,可用漂白剂将其漂白,用温的加酶洗衣粉洗涤血渍,效果也较好。

（三）去除污渍注意事项

去除服装污渍是一项细致而又慎重的工作,不恰当的处理不仅会影响衣物的色泽和外观,严重的还会对服装面料造成损伤,去除污渍时要注意以下几点:

1. 服装沾上污渍后要马上去除,不要放置时间过长,若时间过长,污渍就会渗透到纤维内部,与纤维紧密结合或与纤维发生化学反应,消除则更为困难。

2. 要正确识别污渍,避免因识别污渍不当而出现的除渍方法失误。

3. 要根据服装面料的种类和污渍的种类选用除渍的药品和除渍的方法,即使同一污渍在不同布料上出现,清除时所用药水和方法也各不相同。甚至同一布料,只因颜色深浅不同,选用的去渍方法和药水也不同,若遇深色面料,应在使用去污药品时以先试样为妥。

4. 擦渍时注意由浅入深,可先从污渍边缘向中间擦,防止污渍向外扩散,同时注意用力力度以免服装起毛。

5. 为防止面料经除渍后遗留黄色污迹,操作中应注意无论用何种去污材料,当织物表面污渍去除后,均应立即用牙刷蘸清水将织物遇水面积刷得大些,然后再在周围喷少量水,使其逐渐淡化,以消除明显的边痕。

6. 丝、毛织物除渍,一般不用氨水或碱水,必须使用时应淡化其浓度,操作迅速。

7. 当使用去污剂时要注意:使用草酸去污时要避免草酸溶液长时间留在服装面料上,由于草酸具有毒性,浓草酸极易损伤衣料,最好借助于温水稀释,或擦洗后及时清除溶液;由于高锰酸钾具有强氧化性,会破坏面料颜色,使用前可在衣料的边角部位做试验,若不褪色再用;松节油、汽油、酒精是易燃品,使用时切勿近火。

二、线头整理

消费者在购买服装过程中,会通过简单检查服装表面是否存在线头、线迹是否工整等来评价所购买服装,因此,线头的整理效果如何也成为影响服装价值的因素之一。线头又称毛梢,可分为死毛梢和活毛梢两种。死毛梢是未剪的线头,也有布纱头(包缝不净造成);活毛梢是剪断后仍留在服装上没有去除的线头。现许多缝纫机都带有自动或半自动剪线机构,以保证缝纫线头小于 4 mm,但大多仍由人工修剪。

线头的整理方法主要有三种:

1. 手工处理

用手将线头取掉后放入水盒或其他不易使其飞跑的容器内,以防二次黏上衣服,这种方法适于死线头处理。

2. 黏去法

用不干胶纸或胶滚轮黏去毛梢,适于活线头,工厂中常用此法。

3. 吸取法

用吸刷毛机,先将活线头刷掉,同时通过抽风箱吸去,是目前最通用的方法,既省工,效率也高。

第二节 包 装

包装作为展示物品的外在形式,既可以提高商品的整体价值,又可以使消费者产生购买欲,提升商品的附加价值。

一、包装的概念及分类

包装是指在流通过程中,为保护产品、方便储运、促进销售,依据不同情况而采用的容器、材料、辅助物及所进行操作的总称。就服装而言,服装产品包装有衬衫包装、内衣包装、T恤包装等行业类别。一般情况下,服装包装按包装用途划分主要包括销售包装和工业包装。

1. 销售包装

又称内包装或小包装,是以销售为目的的包装,起着直接保护商品的作用。销售包装直接接触商品并随商品进入零售网点和消费者直接见面,为了适应商品市场竞争和满足多层次消费要求,不断向销售包装发出要求改进与创新的信息。销售包装的包装件较小、数量大、外包装较精致。包装上大多印有商标、生产说明、单位,具有美化产品、宣传产品、指导消费的作用。

2. 工业包装

又称为运输包装,是物资运输、保管等物流环节所需要的必要包装。主要是运用木板、纸盒、泡沫塑料等材料将大量包装件进行大体积包装,着重安全性,运输方便,不讲究外部设计。

二、包装的材料及方法

伴随社会发展,人们对包装的认识逐渐由最基本的包装功能,演化至其装饰、促销功能的体现。对于服装产品而言,包装材料及形式更是变化万千,成为刺激消费者购买欲望的有利工具。生活中最常见的服装包装材料主要有包装袋、包装盒和包装箱三大类,也包括一些其他配套的物件。

(一)包装材料

1. 包装袋

对于服装产品而言,塑胶袋、纸质及无纺布包装袋最为常见,如图 6-2-1 所示。包装袋又分内包装袋和外包装袋两种。内包装袋一般选用无色、透明的塑胶袋材料制成,它是最贴近服装产品的包装材料,内包装袋的规格大小可根据服装产品的外形而定,质地不宜太厚,无异味。外包装主要体现品牌风格,设计各不相同,但一般都装有拎绳或拎攀,质地有一定厚度及坚牢度,方便购物者携带,可体现整个产品的设计风格,使消费者印象深刻。

（a）纸质包装袋　　　　　　　（b）塑胶袋　　　（c）无纺布袋

图6-2-1　包装袋

2. 包装盒

主要用于一些立体感较强,怕挤压,折叠后需要保持一定空间的服装产品,多采用有一定张力的纸质材料,如男士衬衫、丝织品、羊毛衫等,大部分包装盒会在表面印有产品介绍和品牌宣传资料,如图6-2-2所示。

图6-2-2　包装盒

3. 包装箱

包装箱的质地较为厚实,体积也较大,多采用瓦楞纸板制成,在服装的装卸及运输过程中起到保护服装的作用。在包装箱的表面一般印有生产单位名称、品名、生产批号、货号、等级、规格、数量、出厂日期、发货目的地、收货单位及搬运警示符号等,使经办人员一目了然。包装箱服装产品通常有独色独码(一种颜色一种规格)、混色独码(多色彩一种规格)、独色混码(一种色彩多种规格)和混色混码(多色彩多种规格)四种搭配装箱方式。

4. 其他配件

为达到更好的包装效果,在包装过程中会用到吊挂衣架、板纸、衬纸、夹件、托件、支撑物、油纸等辅助定型。吊挂衣架是服装产品立体包装中必不可少的物件,多用塑料制成。纸板和夹件多用于衬衫和针织服装,产品折叠后内衬纸板,并用夹件固定,产品外观挺括、平整。衬纸多用于需折叠的丝绸等高档服装产品,可缓解衣料之间的摩擦,保持衣料的光泽度。托件多用于男士衬衫的领子部位,有纸质和塑料薄片材料,可确保折叠和包装后的衬衫领子立体不变形。支撑物和油纸等多用于大型包装箱。

（二）包装方法

服装产品的包装方法主要有折叠法和吊挂法两种,一些造型特殊的扭皱类服装所需的绞卷方式,原则上也归为折叠包装法。包装折叠法是将服装按照一定的外形规格要求折叠后,直接装入塑胶袋或包装盒内,可以直观看到服装的衣领、前肩和前胸的上半部等主要部位。吊挂包装法适用于中、高档服装产品,是将衣架置于服装的肩、领部位,拎起后,外套塑胶包装袋进行吊挂包装,可以直观产品前、后全貌,服装外形整体性强,能较好地保持整烫后的平整度及立体造型,但占用面积过大,耗时、耗料,包装数量受限,不易于大批量搬运。

第三节 储 运

服装储运指服装的储存和运输两个方面,包括产品入库、保管、装卸、运输、配送和销售等整个过程。服装储运属于服装物流环节,有包装、装卸、运输、保管、流通加工、配送、物流情报等功能,改变传统储运为现代物流,是服装生产与销售的必要。

一、服装储存标志

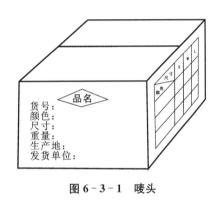

图 6-3-1 唛头

1. 防湿标志

用雨伞图形表示。

2. 收发货标志

主要让收发货人识别货物的标志,又称唛头。通常由简单的几何图形、字母数字及简单的文字组成,如图 6-3-1 所示。内销产品的收发货标志包括品名、货号、规格、颜色、毛重、净重、体积、生产厂、收货单位、发货单位等。出口产品的收发货人主要使用简字或代号、符号、体积、重量以及生产国与出口国等。

3. 货签

附加在运输包装件上的一种标签,内容包括运输号码、发货人、收货人、始发地、目的地、货品名称与件数等。

二、存储要求

任何产品的加工都需一定原材料及时间,在一段时间内,如何对原材料和产品进行存库管理是任何一个企业都不容忽视的重要问题。

(一)入库要求

1. 对仓库的要求

仓库存放物资应做到布局合理,堆放整洁,保证过道畅通,防火标志醒目。服装企业仓库通常要求相对湿度在 65% 左右,干燥、通风、不漏水,产品尽可能整理上架,做到不沿窗、不着地、不靠墙,对存放时间较长的产品要经常进行翻箱整理。

2. 入仓验收

各种原材料和成品入仓时,要根据单据对其数量和重量进行检验。

(二)仓库管理要求

仓库是物流系统中企业储存原料、半成品、产成品的场所,服装生产过程的仓库一般包括原料(主料)库、辅料库与成品库,服装企业仓库管理工作有以下几点:

1. 保存物料的储存,及时供应生产所需的原料。对入库物料进行检验、收料、发料、存储、入账、盘点,以及待废料的处理等。

2. 仓库管理的收料,及时检查采购物料的数量和品质。仓库员检验和清点送来物料的种类和合格品数量,填写入库单,发生数量不足和品质不合格时,通知供销科补足或更换,每种物料存放在固的地方,便于清点和发料。

3. 仓库管理的发料,为生产提供原辅料和机物料。使用部门填写领料单后才能从仓库领取物料。仓管员根据领料单所填数量分发物料。

4. 仓管员要定期做好盘点,计算仓库内现有的物料种类与数量,掌握和明了库存的实际情况,作为采购或进货的参考。物料经盘点后,若发生实际库存数量与账面结存数量不符,除追查差异的原因外,还要编制盘点损益单,经审批后调整账面数字,使之与实际数字相符。

5. 仓管员要做好物料出入库的日报和月结存表,以供相关部门使用。

(三)运输要求

对于批量性服装生产而言,运输工序主要包括搬运和装卸两个方面,也指企业内部的搬运装卸和产品出货搬运装卸两类。

企业内部的搬运和装卸主要是为保证产品的形成,加强各工序流程间的衔接而服务的。如原材料从仓库转移至裁剪车间,裁片从裁剪车间运至缝纫车间,服装半成品交至整烫部门以及服装产品的入库等。这种搬运和装卸方式的产品数量较少,较分散,可以通过人工手推车或货运电梯等完成。

产品的出货搬运和装卸是指服装产品的出厂,以及送至订货商指定地点的过程。这一过程的产品户主要为服装成品,产品种类较单一,其运输距离较远。

在整个运输过程中,要时刻保证产品的完整与品质,从而不影响服装产品的后期销售。其注意事项主要包括以下几个方面:

1. 清洁、完整

无论是裁片、半成品或成品在运输过程中都必须保持清洁,避免物件落地、遭受污染。除此之外,还必须做到交接手续完备,物件数量核对无误,搬运过程中不出现丢失、遗漏。

2. 防潮、防破损

服装产品在装箱运输过程中,应采取防潮措施,避免因淋雨或其他原因所导致的产品受潮的现象发生。在搬运和装卸过程中还应按照包装箱上的警示图标进行操作,不得随意倒置、抛掷、压、勾、拽箱体,防止箱内产品散乱及因箱体破损,产生的产品遗漏、丢失等现象。

3. 防丢失

产品在装箱移至运输工具上之后,应清点数量,并采取适当的固定方式保持箱体的稳定,避免在运输过程中因颠簸等问题出现的箱体外抛等问题。最常见的紧固方式主要有扎捆和网罩两种。

由于服装的流行性和季节性特点,企业必须要做到"库存管理优化、信息反馈高效、市场反应灵敏",只有这样才能在日趋激烈的市场竞争中立稳脚跟。因此,建立"小批量、多批次、多品种、快出货"的服装业现代化经营管理模式,进一步缩短企业对于市场变化的响应时间,建立企业的快速反应体系已成为服装企业发展的必然趋势。

思考题

了解不同类型成衣后期整理的方法。

参 考 文 献

[1] 陈继红,肖军.服装面辅料及服饰[M].上海:东华大学出版社,2003

[2] 邬丽芳,杨莉.服装材料学[M].合肥:合肥工业大学出版社,2009

[3] 杨静.服装材料学[M],第2版,北京:高等教育出版社,2002

[4] 陈东生,甘应进.新编服装生产工艺学[M].北京:中国轻工业出版社,2005

[5] 侯东昱,马芳.服装结构设计女装篇[M].第1版.北京:北京理工大学出版社,2010

[6] 上海市职业能力考试院,上海市服装行业协会.服装工艺[M].上海:东华大学出版社,2005

[7] 中屋典子,三吉满智子.服装造型学[M].北京:中国纺织出版社,2004

[8] 雷中民.服装推归拔造型技术的探讨[J].西北纺织工学院学报,第14卷第1期(总53期),2000

[9] GB/T2665-2009 女西服、大衣,2009